AF844422

Liebe Leserinnen und Leser,

der Abbau mineralischer Rohstoffe reißt Löcher in die Landschaft. Was jedoch zunächst wie eine offene Wunde aussieht, verwandelt sich spätestens nach einer Renaturierung – oder wenn man den Aufschluss einfach sich selbst überlässt – in wertvolle Biotope, wo seltene Vögel, Lurche, Reptilien und natürlich auch Insekten sowie zahlreiche Pflanzen ganz neue Lebensräume und Nischen finden. Speziell für Erdwissenschaftler ergeben sich Einblicke, die weit über das hinausgehen, was man beispielsweise aus einer stichprobenartigen Bohrung herauslesen könnte. Früher gab es sehr viele kleine Abbaustellen und entsprechend viele Möglichkeiten, die anstehenden Gesteine zu studieren. Tonsteine benötigt man unter anderem für die Ziegelherstellung, aber wie in vielen Wirtschaftszweigen haben Rationalisierung und Zentralisierung Einzug gehalten. Kleine Vorkommen werden nicht mehr abgebaut und Betriebe stillgelegt. Stattdessen werden, sicher nicht im Sinne der Nachhaltigkeit, lieber längere Transportwege sogar über Ländergrenzen hinweg in Kauf genommen. Eines der erdgeschichtlichen Fenster, das heute glücklicherweise immer noch offen steht, erschließt in der Nähe von Buttenheim in Franken in erster Linie den dortigen unterjurassischen Amaltheenton. Natürlich werden beim Abbau des Tonsteins unzählige Fossilien zerstört. Doch ohne den Abbau wüssten wir nur bruchstückhaft von der äußerst artenreichen Lebewelt im damaligen Jurameer, denn Naturaufschlüsse in Tonsteinen sind äußerst rar und kurzlebig. Wir verdanken diesen Wissenszuwachs einerseits der Firma LIAPOR, die den Zugang zu ihrer Tongrube im Unterschied zu manch anderem Industrieunternehmen wohlwollend genehmigt – ein ganz herzliches Dankeschön an dieser Stelle – und andererseits den vielen fleißigen Amateursammlerinnen und -sammlern, die den Tonstein auf der Suche nach Fossilien seit vielen Jahren akribisch durchsuchen und die auch heute noch immer wieder neue Entdeckungen machen. Lokalmatadore wie der „Schneckenhannes" Johann Schobert, die in der Nähe wohnen und den Abbaufortschritt gut verfolgen können, haben bei der Erforschung sichtbare Spuren hinterlassen und suchten den Kontakt zu Wissenschaftlern. Den Amateuren, die schon seit dem Beginn der paläontologischen Wissenschaft eine wichtige Rolle spielen, kann gar nicht genug gedankt werden. Der eine oder die andere in Buttenheim Aktive wirkte daher als Koautor bei Veröffentlichungen mit oder stand bei der Benennung neuer Fossiliengattungen oder -arten Pate. Im Laufe der Zeit wurde zwischen den Amateuren und professionellen Forscherinnen und Forschern ein regelrechtes Netzwerk aufgebaut, dessen Früchte wir Ihnen in diesem Sonderheft der Zeitschrift FOSSILIEN präsentieren möchten. Die Forschungsaktivitäten fanden vorwiegend an den Universitäten Erlangen und Berlin und an der Bayerischen Staatssammlung für Paläontologie und Geologie in München statt. Unser engagiertes Beiratsmitglied Helmut Keupp, emeritierter Professor an der FU Berlin, passionierter Fossiliensammler von Kindesbeinen an und selbst seit vielen Jahren an Buttenheimer Fossilien forschend, hatte die Idee zu diesem Heft und koordinierte die Zusammenstellung der Beiträge über die verschiedenen in Buttenheim vorkommenden Fossilgruppen. Die dabei berücksichtigten Aspekte sind indes so vielschichtig, dass sie gar nicht vollständig in ein einzelnes Heft hineinpassten, dessen Umfang leider technische Grenzen gesetzt sind. Einen längeren, großzügig illustrierten Beitrag zur Sedimentologie und Fossildiagenese – für das Verständnis des Amaltheentons nicht weniger wichtig als die darin enthaltenen Fossilien selbst – mussten wir deswegen in ein reguläres FOSSILIEN-Heft „auslagern", das gleich im Anschluss an dieses Sonderheft erscheinen wird.

Wir wünschen viel Spaß bei der Lektüre!

Michael W. Maisch
(Herausgeber FOSSILIEN)

Günter Schweigert
(Herausgeber FOSSILIEN)

EDITORIAL

Autoren

Baran Karapunar (Jahrgang 1991) studierte Geobiologie und Paläobiologie an der LMU in München mit der Masterarbeit über Taxonomie und Paläoökologie der Pliensbachium-Bivalven aus Buttenheim. Seit 2017 promoviert er über Phylogenie, Klassifikation und Paläodiversität der Schlitzbandschnecken (Pleurotomariida) an der Bayerischen Staatssammlung für Paläontologie und Geologie in München. Sein Hauptforschunginteresse gilt der Taxonomie, Systematik und Paläoökologie von Mollusken, besonders von paläozoischen und mesozoischen Gastropoden und Bivalven.

Prof. Dr. Helmut Keupp (Jahrgang 1949) begann bereits als Fünfjähriger Fossilien zu sammeln. Nach einschlägigen Erfolgen beim Wettbewerb „Jugend forscht" (1969–1971) studierte er Geologie und Paläontologie und promovierte 1977. Nach seiner Habilitation lehrte er fünf Jahre Paläontologie an der Ruhr-Universität Bochum (1981–1986), bis er 1987 den Lehrstuhl für Paläontologie an der Freien Universität Berlin übernahm. Seit Oktober 2014 im aktiven Ruhestand.

Manfred Kutscher (Jahrgang 1943), Chemie-Ing., sammelt seit 1959 Fossilien und seit 1966 (aufgrund des Umzuges nach Sassnitz/Rg.) hauptsächlich Fossilien der Rügener Schreibkreide und Echinodermen, besonderes Augenmerk auf die Echinoidea und Ophiuroidea des Mesozoikums, seit 1990 auch des Silurs von Gotland. Gründete 2005 das Kreidemuseum Gummanz/Rügen. Zahlreiche Publikationen.

Prof. Dr. Alexander Nützel (Jahrgang 1964) beschäftigt sich seit Beginn seiner Diplomarbeit mit der Evolution und Systematik der Mollusken, insbesondere der Schnecken. Schwerpunkte liegen im späten Paläozoikum und frühen Mesozoikum. Mit den Schnecken des Fränkischen Lias befasst er sich seit über 20 Jahren. Er promovierte und habilitierte sich in Erlangen und Hamburg, ist Oberkonservator an der SNSB-Bayerischen Staatssammlung für Paläontologie und Geologie in München und lehrt an der Ludwig-Maximilians Universität. Er ist Mitglied des Vorstands der Paläontologischen Gesellschaft und des Dachverbands Geowissenschaften.

PD Dr. Mike Reich (Jahrgang 1973) beschäftigt sich seit seiner Kindheit mit Fossilien; seit 30 Jahren u. a. speziell mit Stachelhäutern, insbesondere den Holothuroidea sowie mikropaläontologischen und wissenschaftsgeschichtlichen Themen. Nach Studium (Greifswald), Promotion (Innsbruck) und Habilitation (Göttingen), derzeit stellv. Direktor und Hauptkonservator an der SNSB - Bayerischen Staatssammlung für Paläontologie und Geologie in München. Zahlreiche Publikationen sowie herausgegebene Bücher. Er ist außerdem Archivar der Paläontologischen Gesellschaft wie auch korrespondierendes Mitglied der Göttinger Akademie der Wissenschaften.

Dr. Günter Schweigert (Jahrgang 1964) ist am Staatlichen Museum für Naturkunde Stuttgart für die Sammlungen der Invertebraten aus Jura und Kreide sowie der Mikropaläontologie zuständig. Seit 2009 ist er einer der beiden Herausgeber der Zeitschrift FOSSILIEN.

Dr. Winfried Werner (Jahrgang 1950) studierte Geologie und Paläontologie an der LMU in München. Er war von 1981 bis 2016 an der Bayerischen Staatssammlung für Paläontologie und Geologie tätig. Sein Hauptforschunginteresse gilt den Muscheln des Jura, fossilen Riffen sowie randlich-marinen Ablagerungsbereichen des Jura, insbesondere von Portugal, Spanien, Frankreich und Bayern.

Inhaltsverzeichnis

Helmut Keupp

Die Tongrube am Holzbachacker südlich Buttenheim

Die Tongrube liegt südlich von Buttenheim, dem Albtrauf der östlichen Regnitztal-Böschung auf dem Grund der Gemeinde Altendorf (1.1). Seit ihrer Erschließung im Jahre 1994 durch die LIAPOR GmbH & Co.KG im fünf Autokilometer entfernten Pautzfeld hat sich die Lokalität zum Diversitätshotspot für den süddeutschen Amaltheenton (Ober-Pliensbachium) gemausert.

Der Aufschluss löste seit 1994 die aufgelassene, nur 1,4 km südöstlich gelegene Tongrube von Unterstürmig ab, die wegen ihres Reichtums an exzellent erhaltenen, oft pyritisierten Ammoniten (Amaltheiden) im globalen Fossilienhandel ein Begriff war, von der Wissenschaft aber kaum Berücksichtigung fand. Der Abbaufortschritt der neuen Grube wurde von Anbeginn durch private Fossiliensammler der Region intensiv verfolgt und ihre Funde zusammen mit paläontologischen Profis publik gemacht. Um die Tongrube etablierte sich ein kommunikatives Netzwerk, das als vorbildliche Kooperation zwischen Privatsammlern und Fachleuten dem Amaltheenton eine Fülle von neuen Beobachtungen und Erkenntnissen entlocken konnte. Die Tongrube gilt deshalb heute als der artenreichste Aufschluss Süddeutschlands in dieser Fazies. Das Betreten der Tongrube ist nur außerhalb der Arbeitszeiten nach schriftlicher Genehmigung durch die Geschäftsführung von LIAPOR möglich.

In den letzten Jahren wurde mit zunehmender Vergrößerung des Abbaus und seiner fortschreitenden Verlagerung in den Berghang hinein auch das Hangende des Amaltheentons, der Posidonienschiefer (Unter- und Mittel-Toarcium), mehr und mehr erschlossen. Mit dem abrupten Fazieswechsel, der

Abb. 1.1 links: Lage der Tongrube am Holzbachacker südlich Buttenheim. Mitte: Blick von Westen in die Tongrube im April 2020. Die braunen Schichten im Top des Profils entsprechen dem Posidonienschiefer. Foto: J. Schobert. Rechts: Blick von oben nach Südwesten, Aufnahme: J. Degen, 23.2.2021.

Foto: J. Schobert

durch eine deutliche Schichtlücke markiert wird (Bollernbank), erfolgte an der Wende Pliensbachium/Toarcium auch eine grundlegende Änderung der damaligen Lebewelt. Um den Rahmen dieses Sonderheftes nicht zu sprengen, beschränken wir uns deshalb im Wesentlichen auf die Fauna und Flora des Amaltheentons.

Paläogeographie

Die Region des heutigen Frankens wurde im Unterjura im Zuge eines globalen Meeresspiegel-Anstiegs von einem flachen Epikontinental-Meer überflutet, das nördlich des damaligen, Ost-West verlaufenden Tethys-Ozeans lag und eine Verbindung zum Nordmeer herstellte (1.2). Überbleibsel des im Karbon aufgefalteten Variszischen Gebirges gliederten als größere Inseln den Archipel, wie etwa das Böhmische Massiv im Osten und das Vindelizische Land im Südosten. Die Wassertiefe ist schwer kalkulierbar. Sie lag wohl unterhalb der gut durchlichteten Zone (Karapunar et al. 2020a) und nur in vorübergehenden Phasen mit niedrigerem Meeresspiegel im Bereich der Sturmwellenbasis. Die beginnende Öffnung des Nordatlantiks leitete den Zerfall des Superkontinents Pangäa und das Auseinanderdriften der einzelnen Kontinentalschollen ein. Da die Polkappen zunächst weitgehend eisfrei waren, herrschte zu dieser generellen „Greenhouse-Zeit" ein humides Warmklima. Der Temperaturgradient vom Äquator zu den Polen war bei einem ca. 2,5-fach höheren atmosphärischen CO_2-Gehalt im Unterjura deutlich geringer als heute und ermöglichte bis in die mittleren Breiten tropische bis subtropische Verhältnisse (Keupp et al. 2002). In unserer subborealen Zielregion führten zeitweise verstärkte Einflüsse des Nordmeeres aber durchaus auch zu kühleren, eiszeitähnlichen Phasen.

Das Profil des Amaltheentons

Die überwiegend fossilreichen Amaltheentone, die eine artenreiche, bodenlebende Vergesellschaftung enthalten, deuten auf eine hinreichende Durchlüftung des Schelfmeeres hin. Lediglich einzelne weitgehend fossilfreie Profilabschnitte lassen auf kurzfristige Sauerstoffmangel-Bedingungen in Bodennähe schließen.

Die Fazies des Amaltheentons ist scheinbar homogen und durch graue, braun verwitternde Mergeltone mit unregelmäßig eingeschalteten karbonatischen Konkretionen (Geoden) charakterisiert. Die Mächtigkeit schwankt in der Region zwischen 40 und 50 m (Meyer 1979). Richter (2003) ging von einer „lithologisch nicht gliederbaren" Schichtfolge aus.

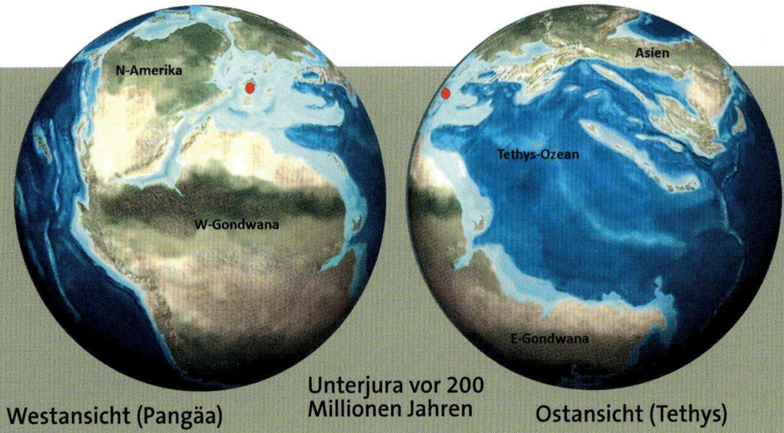

Abb. 1.2: Links: Land-Meer-Verteilung während des Unterjuras. Der rote Punkt markiert die ungefähre Lage von Buttenheim (verändert nach www/fossilmagnet.blogspot.com). Rechts: Die detailliertere paläogeographische Darstellung zeigt die Lage der Amaltheenton-Aufschlüsse Buttenheim und Marloffstein im jüngeren Unterjura, jeweils ca. 70 km vor der damaligen Küste des Böhmischen Massivs (verändert nach Meyer & Schmidt-Kaler 1992).

Jedoch zeigt die genauere Betrachtung, dass das auf ca. 35 m erschlossene Profil der Tongrube durch mindestens vier niveaubeständige Aufarbeitungshorizonte sehr wohl gliederbar ist (Simonson 2012a; Keupp & Schobert 2015; Keupp et al. 2016). Das Profil beginnt im Bereich der früheren Grubensohle mit grauen Mergeltonen der oberen Margaritatus-Zone. Tiefere Profilabschnitte, welche die Subnodosus-Subzone (1.12) erreichten, waren nur kurzfristig in einem ca. 2 m unter die Grubensohle abgeteuften Entwässerungsschacht erschlossen. Die erste markante und besonders fossilreiche Lage ist der nur wenige Zentimeter mächtige so genannte „Pyriterzhorizont" (1.3). Seinen Namen erhielt er durch zahlreiche Pyrit-Aggregate, teilweise mit Kristallen im Zentimeter-Bereich (1.4A). Darüber hinaus sind feiner Schill und kleine, nur wenige Zentimeter große karbonatische Geoden angereichert. Viele dieser Geoden zeigen an ihrer Oberfläche tiefe Kratzspuren, die auf ihre synsedimentäre Auswaschung und mehrfache Rotation auf dem Boden hinweisen (1.4C). Als mögliche Verursacher dieser Spuren kommen reguläre Seeigel und Krebse in Betracht. Der Horizont enthält unter anderem neben großwüchsigen Ammoniten der Art *Amaltheus margaritatus* (Ø bis 60 cm), die bei Sammlern begehrten großen Schnecken (*Pseudokatosira undulata, Pleurotomaria amalthei*), gelegentlich auch Anreicherungen von Ichthyosaurier-Wirbeln und viele andere Fossilien. Das Vorkommen der ersten *Amaltheus salebrosus* und *Pleuroceras solare* belegt die stratigraphische Position an der Basis der Spinatum-Zone bzw. der Apyrenum-Subzone (1.12).

Abb. 1.3: Profilansicht des Pyriterzhorizonts mit Anreicherung von feinem Schill und kleinen, resedimentierten Geoden.

Die ca. 6 m mächtige Apyrenum-Subzone ist besonders fossilreich und enthält vor allem eine reiche Ammoniten-Vergesellschaftung unterschiedlicher Arten. Die weißschalig erhaltenen Amaltheiden zeichnen oft das ursprüngliche Farbmuster durch dunkle, in Punkte aufgelöste Spiralstreifen nach (1.5A; → S. 48). Der relativ seltene Leitammonit dieser Subzone, *Pleuroceras apyrenum* (Buckman), ist durch die Auflösung seiner Rippen auf der Außenwindung in

Lesen Sie bitte weiter hinter den Bildtafeln auf S. 10

Abb. 1.4: Elemente des Pyriterzhorizonts. A: Kristall-Aggregate von Pyrit (Ø 35 bzw. 19 mm). B: Isolierter Ichthyosaurier-Wirbel (Ø 53 mm, Slg. J. Schobert). C: Vermutlich durch Arthropoden und reguläre Seeigel zerkratzte, ca. 4 cm große Geoden. Fotos: J. Evers.

Abb. 1.5: Charakteristische Ammoniten der Apyrenum-Subzone: Links ein Pleuroceras solare mit Farbmuster-Erhaltung (Ø 37 mm), rechts der stratigraphische Leitammonit Pleuroceras apyrenum (Ø 46 mm). Fotos: J. Evers.

Abb. 1.6: Der „Quellhorizont“ liegt an der stratigraphischen Wende zwischen unterer und oberer Spinatum-Zone. A: Der 21 cm breite Ausschnitt der Schichtfläche zeigt die Aufarbeitung mit Anreicherung von zum Teil resedimentierten Ammoniten und karbonatischen Geoden. B, C: Infolge einer temporär erhöhten Wasserbewegung konnte die 95 mm breite Geode ausgespült, gewendet und ihre Oberfläche beidseitig durch Bioerosion gekennzeichnet werden. Fotos: J. Evers.

Abb. 1.7: Oberhalb des „Quellhorizonts“ finden sich meistens plattgedrückte Gehäuse von Pleuroceras spinatum mit auffällig braun gefärbter, oft perlmuttartig irisierender Schale. A: Durchmesser 55 mm. B: Mit aufgewachsenen sandschaligen Foraminiferen (Tolypammina sp.) bewachsenes, ausnahmsweise unverdrücktes Exemplar, Slg. J. Schobert). Fotos: J.Evers.

Abb. 1.8: Geode aus dem Hauptlager von Pleuroceras spinatum mit Amaltheus laevigatus und Pleuroceras spinatum, Breite 71 mm.

Abb. 1.9: Der Echiniden-Pectiniden-Horizont und einige charakteristische Fossilien. A: 35 cm breiter Ausschnitt aus der Schichtfläche mit deutlicher, strömungsbedingter Einsteuerung der Belemniten-Rostren. Slg. + Foto: Bernd Doppelstein. B: Dünnschliff durch eine stark pyritisierte Schilllage, Höhe 25 mm. C: Abgebrochener Stachel des regulären Seeigels Procidaris edwardsi, Länge ca. 15 mm, D: Muschel Tutcheria submulticostata (Bildbreite 4 mm) und E: Schwanenfußmuschel Palmoxytoma cygnipes (Bildhöhe 25 mm). Fotos: J. Evers.

flache Sichelstreifen charakterisiert (1.5B). Vereinzelt lassen sich – wie auch in dem ähnlich fossilreichen *Pleuroceras spinatum*-Hauptlager im Hangenden – kurzzeitige Einwanderer aus dem südlichen Tethys-Ozean nachweisen (Keupp & Schweigert 2017).

Den Übergang zur oberen Spinatum-Zone (=Hawskerense-Subzone) markiert ein weiterer, nur wenige Zentimeter mächtiger Aufarbeitungshorizont, dessen grober Schalenschill für eine verstärkte Grundwasser-Leitung verantwortlich ist und Sickerwasser austreten lässt („Quellhorizont"). Auch hier zeigen die gegenüber dem Pyriterzhorizont oft deutlich größeren Geoden starke Bioerosionsspuren (1.6B, C) und sind teilweise mit inkrustierenden Organismen bewachsen, vor allem sandschaligen Foraminiferen (*Tolypammina*) und fixosessilen Muscheln (*Harpax*). Zusammen mit den Geoden wurden auch zahlreiche Ammoniten aus dem Untergrund ausgespült und stark korrodiert (1.6A).

In den relativ fossilarmen, ca. 4 m hangenden Mergeltonen finden sich meistens plattgedrückte *Pleuroceras spinatum* in brauner, manchmal schwach irisierender Perlmutt- Schalenerhaltung (1.7).

Ca. 18 m über dem „Quellhorizont" markiert – insbesondere nach Wochenenden – eine durch Sammler geschaffene Terrasse die Position des Hauptlagers von *Pleuroceras spinatum* (→ Vorspannbild S. 27). Das Massenvorkommen enthält zahlreiche Geoden, die voll von Ammoniten, Schnecken, Muscheln und Anderem sind.

Ca. 3 m über dem *Pleuroceras spinatum*-Hauptlager zieht sich als schmales, meist nur wenige Zentimeter mächtiges Band die dritte markante Aufarbeitungslage, der „Echiniden-Pectiniden-Horizont" (EPH), durch (→ S. 81 ff.). Grober Schalen-Schill aus Ammoniten- und Muschelfragmenten, terrigener Detritus in Form von ein bis zwei Millimeter großen Quarzkörnern und gerundeten Granat-Kristallen (1.10) sowie zahlreiche ausgespülte Geoden weisen auf eine erneute Phase intensiver Bodenströmung hin, der den feinen Ton- und Siltanteil des Sediments am Liegenbleiben gehindert hat. Dem entspricht auch die häufig zu beobachtende Strömungseinregelung der angereicherten Belemniten-Rostren (1.9A). Namengebend für den Horizont sind Anreicherungen von Fragmenten und Stacheln des regulären Seeigels *Procidaris edwardsi* (1.9C) und häufige primär calcitschalige pectinide Muscheln. Als Charakterfossilien können zwei weitgehend auf diesen Profilabschnitt beschränkte Muscheln angesehen werden: *Tutcheria submulticostata* und *Palmoxytoma cygnipes* (1.9D, E). Der Horizont kann über größere regionale Distanzen verfolgt werden. In der früheren, ca. 30 km südöstlich von Buttenheim gelegenen Tongrube Wolf am Fuß des Rothenbergs bei Schnaittach war vor ca. 60 Jahren nahe der damaligen Gruben-Oberkante eine analoge, Crinoiden-reiche Schill-Lage erschlossen, aus der Voigt (1968: Abb. 2) eine für diesen Horizont typische, mit Röhrenwürmern (Serpuliden) bewachsene und angebohrte Geode abbildete. Die ausgespülten und angereicherten Geoden blieben offensichtlich längere Zeit durch die stark verminderte Sedimentationsrate unbedeckt. Auf ihren Oberflächen konnten sich daher Biofilme aus organischen Schleimen und Bakterien etablieren. Darüber hinaus dienten sie als temporäres Festsubstrat der Ansiedlung mehrerer Generationen einer diversen Vergesellschaftung fixosessiler Organismen. Ihre Arten unterscheiden sich

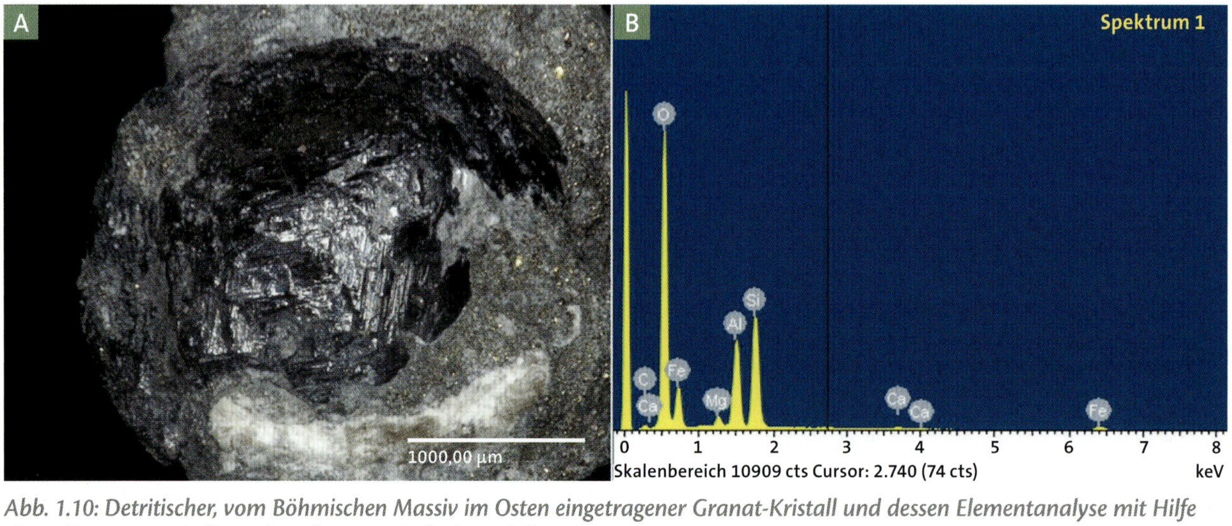

Abb. 1.10: Detritischer, vom Böhmischen Massiv im Osten eingetragener Granat-Kristall und dessen Elementanalyse mit Hilfe eines röntgenenergiedispersiven Systems. Aufnahme: J. Evers.

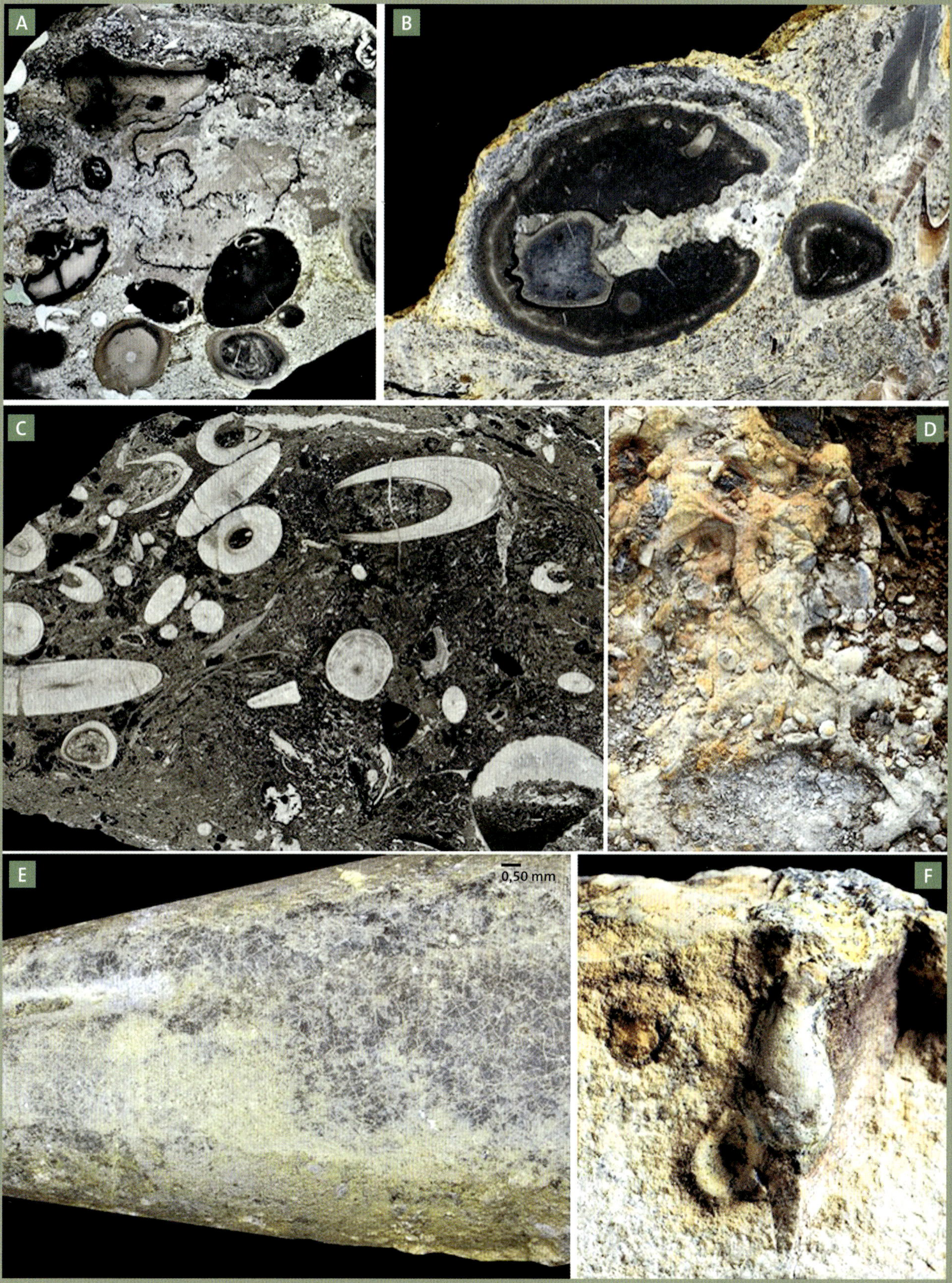

Abb. 1.11: Die Bollernbank repräsentiert eine Schichtlücke des basalen Toarciums. In ihr wurden Geoden des liegenden Amaltheentons aufgearbeitet und gelegentlich besiedelt, Belemniten angereichert und teilweise von endolithisch bohrenden Organismen durchsetzt. A: Dünnschliff mit Anreicherungen von dunklen Geoden, Höhe 12,5 cm. B: Anschliff einer Hiatus-Geode, deren dunkler Kern mit Einschluss eines Pleuroceras spinatum im Ober-Pliensbachium entstand und nach der Resedimentation im Unter-Toarcium an der Oberseite als Hiatus-Geode weiterwuchs. C: Groß-Dünnschliff mit Anreicherung von Belemniten-Rostren, Breite 11,3 cm. Fotos: H. Keupp. D: Oberfläche der Bollernbank mit zentimeterbreiten Ausfüllungen von Krebsbauten (Thalassinoides-Typ), Foto: J. Schobert. E: Belemniten-Rostrum mit einem dichten Geflecht endolithischer Bohrgänge von mutmaßlichen Pilz-Hyphen. F: Aufgebrochene Geode aus der Bollernbank mit Sediment-gefüllten Bohrmuschel-Löchern, Bildbreite 2 cm. Fotos: J. Evers.

deutlich von der Assoziation des sonst vorherrschenden schlammigen Weichbodens und sind maßgeblich für die besondere Artenvielfalt des Aufschlusses verantwortlich. So dienten die exhumierten Geoden marinen Pilzen, Foraminiferen, Brachiopoden, Bryozoen, Röhrenwürmern, Muscheln, Cirripediern, Crinoiden und Pterobranchiern als Siedlungsgrund, auf dem sie sich zementiert haben. Schnecken, Krebse, Seeigel u.a. nutzten sie als Weidegrund und neritimorphe Schnecken als Laichgrund (Keupp et al. 2016; Keupp & Doppelstein 2018a, b; Keupp et al. 2018).

Über dem EPH folgen graue Mergeltone mit großen Septarien, die *Pseudamaltheus engelhardti* enthalten können. Etwa 2 m über dem EPH endet die Amaltheenton-Fazies mit der „Bollernbank", einem weiteren Aufarbeitungshorizont. Er markiert mit einer Sedimentationslücke von ca. 150.000 Jahren Dauer, welche die Paltum-Subzone des tiefsten Toarciums umfasst, einen scharfen Fazieswechsel (Keupp & Schobert 2019). In der Bollernbank sind die Geoden der obersten Spinatum-Zone ausgespült und angereichert und teilweise durch lithophage Muscheln (= Bohrmuscheln) angebohrt (Keupp & Schobert 2015; 1.11F). Manche Geoden der Bollernbank sind nach ihrer Auswaschung aus dem Sediment nach der erneuten Einbettung als so genannte Hiatusgeoden (Voigt 1968) weitergewachsen (1.11B).

Mit der Bollernbank assoziiert treten lokal Anreicherungen von Belemnitenrostren auf, die teilweise von Bohrungen endolithischer Organismen durchsetzt sind (1.11E). Die gegenüber dem EPH eher seltenen Vorkommen besiedelter Geoden belegen, dass nur gelegentlich hinreichende Lebensbedingungen am Meeresboden herrschten, die meiste Zeit aber wohl Sauerstoffmangel bestand. Neben den aus dem Amaltheenton aufgearbeiteten Fossilien finden sich in der Bollernbank gelegentlich auch Fossilien des basalen Toarciums, wie etwa Steinkerne des Nautiliden *Metacenoceras*. Auf der Oberseite der Bollernbank weisen zentimeterbreite, verzweigte Krebsbauten (*Thalassinoides*-Typ) auf die einsetzende Sedimentation der Posidonienschiefer-Fazies im Unter-Toarcium hin. Der hohe Bitumen-Gehalt und ihre feinschichtige Lamination, die durch fehlende Sedimentwühler erhalten blieb, belegen die globale Sauerstoffkrise zu dieser Zeit, die als „Toarcian Oceanic Anoxic Event" (T-AOE) in der internationalen Literatur geführt wird. Sie ist mit einem globalen Meeresspiegelanstieg und einer generellen Klimaerwärmung gekoppelt.

Biostratigraphie

Die biostratigraphische Gliederung der Jura-Schichtabfolgen basiert überwiegend auf der vertikalen Abfolge der Ammonoideen. Das ca. 3 Millionen Jahre dauernde Ober-Pliensbachium der subborealen Nordhemisphäre wird mit Hilfe der Ammoniten-Familie Amaltheidae in zwei Zonen und fünf Subzonen gegliedert (1.12). Die basale, durch *Amaltheus stokesi* charakterisierte Subzone ist in Süddeutschland noch in den höchsten Anteil der karbonatischen Numismalismergel-Formation integriert, so

System		Stufe	Formation	Ammoniten-Zonen	Ammoniten-Subzonen
Unter-Jura (Lias)	178,0 Mill.	Toarcium	Jurensismergel		
			Posidonienschiefer		
	183,6 Mill.	Pliensbachium	Amaltheenton	*Pleuroceras spinatum*	*Pleuroceras hawskerense*
					Pleuroceras apyrenum
				Amaltheus margaritatus	*Amaltheus gibbosus*
					Amaltheus subnodosus
					Amaltheus stokesi
			Numismalismergel		
	191,5 Mill.	Sinemurium	Obtususton		
			Arietenkalk		
		Hettangium	Angulatensandstein		
	200,0 Mill.		Psilonotenton		

Abb. 1.12: Stratigraphie des Unterjura mit Fokus auf dem Amaltheenton (in grün). Absolute Altersangaben gemäß Deutscher Stratigraphischer Kommission Menning & Hendrich 2012.

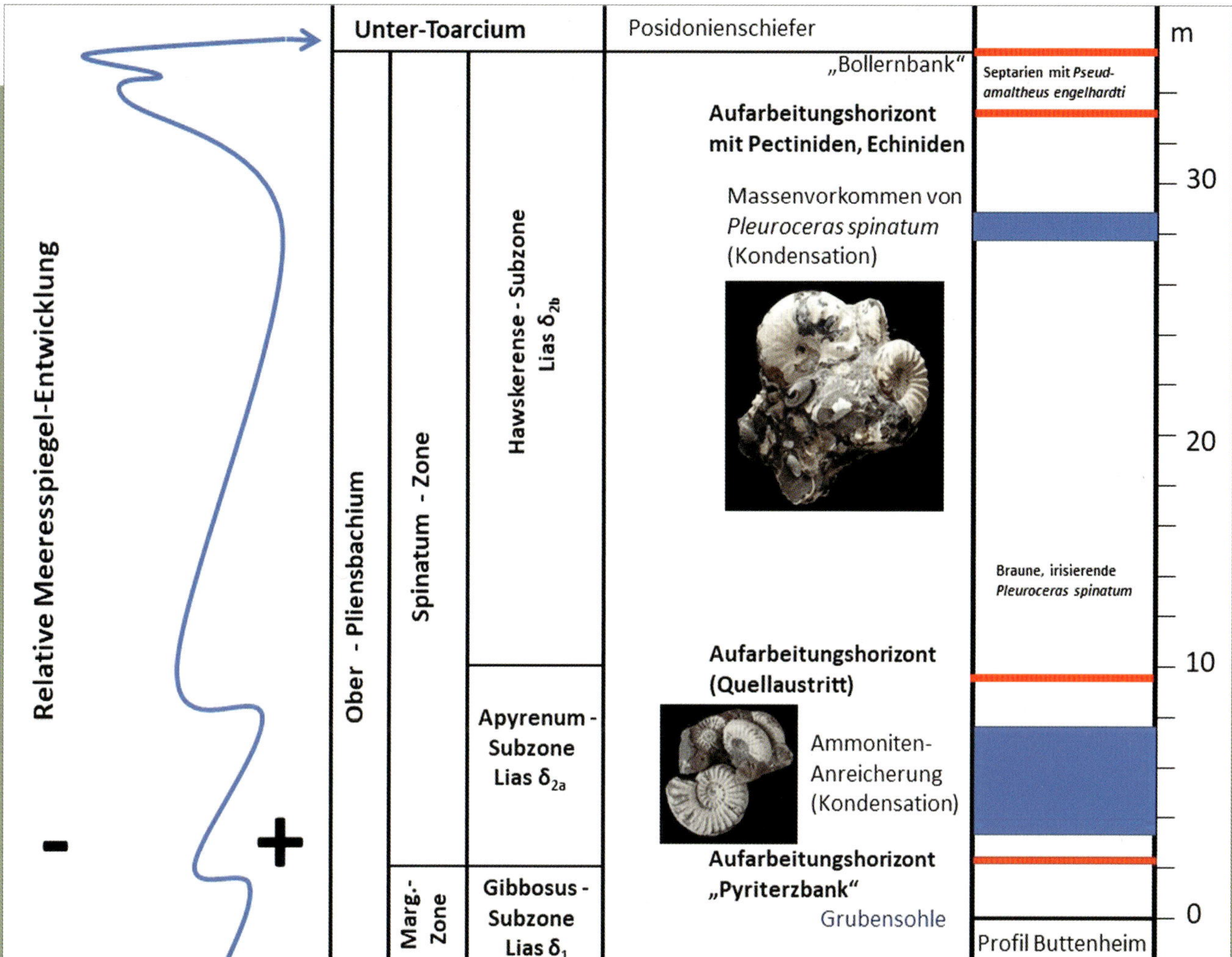

Abb. 1.13: Das Amaltheenton-Profil von Buttenheim und die relative Meeresspiegel-Entwicklung.

dass die biostratigraphische Grenze zwischen Unter- und Ober-Pliensbachium nicht mit der Faziesgrenze zwischen Numismalismergel und Amaltheenton übereinstimmt. Die Amaltheenton-Fazies setzt dann mit der Subzone des *Amaltheus subnodosus* ein. Während in der Gibbosus-Subzone (unterhalb des Pyriterzhorizonts) nur Vertreter der flach scheibenförmigen Gattung *Amaltheus* zu finden sind, ist die Apyrenum-Subzone durch eine hohe Diversität gekennzeichnet. Neben der Etablierung der Gattung *Pleuroceras* mit weitnabeligen, zunehmend breitrückigen Gehäusen tritt auch verstärkt *Amauroceras* auf. Die Hawskerense-Subzone ist in Buttenheim durch *Pleuroceras spinatum* und im höheren Anteil durch die großwüchsigen Gehäuse von *Psuedamaltheus* gekennzeichnet. Daneben finden sich *Amauroceras* und verschiedene Arten der Gattung *Amaltheus*. Die Amaltheiden starben an der Pliensbachium/Toarcium-Grenze restlos aus, so dass die Funktion der Leit-Ammoniten im Unter-Toarcium vor allem von Hildoceraten und Dactylioceraten übernommen wird.

Zusammenfassung

Fassen wir die in der Tongrube erschlossene Profilabfolge des Amaltheentons zusammen, lässt sich aus dem Wechsel zwischen Weichbodenverhältnissen und Aufarbeitungshorizonten eine oszillierende Meeresspiegel-Entwicklung mit generell regressivem Trend ablesen (1.13). Die Phasen des Meeresspiegel-Tiefstands waren durch bodenberührende, vom Liegenden zum Hangenden sukzessive stärker werdende Wasserbewegung gekennzeichnet. Sie führten zum Abtransport der feinkörnigen Sedimentfraktion, der Anreicherung von Schillkomponenten, die im Profil von unten nach oben zunehmend gröber werden, und der Ausspülung der im

Schlammsediment gebildeten Karbonat-Konkretionen. Die nun an der Sedimentoberfläche angereicherten Geoden boten die Grundlage zur Ansiedlung charakteristischer Hartgrund-Vergesellschaftungen.

In den Phasen des Meeresspiegel-Hochstands führte die Rückverlagerung der Küstenlinie zu einer Mangelversorgung mit Sedimentmaterial (Kondensation) und dadurch einer relativen Anreicherung von Fossilien (Massenvorkommen von Ammoniten der Apyrenum-Subzone und des *Pleuroceras spinatum*-Hauptlagers). Am Meeresboden herrschten zu diesen Zeiten Stillwasserbedingungen mit schlammigen, sauerstoffhaltigen Weichböden. Außerdem ermöglichte der hohe Meeresspiegel die Einwanderung von Faunenelementen aus dem südlich gelegenen Tethys-Ozean.

Der regressive Trend innerhalb des Amaltheentons wird erst mit dem globalen Meeresspiegel-Anstieg zu Beginn des Toarciums beendet. Der damit verbundene tiefgreifende Wechsel in der Lebewelt wird zum Beispiel durch die Ammoniten deutlich. Die subborealen Amaltheiden starben aus und wurden durch eine artenreiche Vergesellschaftung von Einwanderern aus der südlichen Tethys (Phylloceraten, Lytoceraten, Dactylioceraten, verschiedene Hildoceratoiden) ersetzt (1.14). Das Plankton erlebte mit den ersten planktischen Schnecken (z. B. *Coelodiscus*) einen Aufschwung (Teichert & Nützel 2015), dem sich die Hildoceraten und alle ihre jurassischen und kretazischen Nachkommen (Aptychophora Engeser & Keupp 2002) durch eine konsequent planktotrophe Ernährung angepasst haben. In diesem Zusammenhang wurden ihre Unterkiefer zum doppelklappigen Aptychus umgestaltet und die im Schlund befindlichen Radulae (Reibzungen) morphologisch modifiziert (Keupp et al. 2016).

Abb. 1.14: Die Sauerstoffkrise der Unter-Toarcium-Transgression und die damit verbundene Plankton-Revolution führten zu einem grundlegenden Wechsel der Organismen-Vergesellschaftung vom Amaltheenton zum Posidonienschiefer, der in der aus dem Süden (Tethys) eingewanderten Ammonitenfauna offensichtlich wird.

Helmut Keupp

Lebewelt im Verborgenen

Die mikropaläontologische Aufbereitung der Mergeltone eröffnet die faszinierende Welt der Kleinfossilien. Dazu wird eine möglichst schichtgenau entnommene Probe des Amaltheentons getrocknet und anschließend zur Auflockerung des Sediments mit einer 3,5 %-igen Wasserstoffperoxid-Lösung versetzt. Um eine Oxidation des fein verteilten Pyrits in der Probe zu vermeiden, empfiehlt sich die Zugabe von ein paar Tropfen Ammoniak.

Nach Beendigung der aufschäumenden Reaktion wird der Brei über ein feines Sieb (Maschenweite z. B. 63 µm) unter fließendem Wasser ausgeschlämmt, der Rückstand getrocknet, gegebenenfalls in verschiedene Korngrößen fraktioniert und schließlich unter einem Binokular ausgelesen. Die meisten solcher Proben enthalten in unterschiedlicher Häufigkeit und Zusammensetzung Kleinfossilien. Neben juvenilen Exemplaren und Fragmenten von größeren Organismen (Schnecken, Grabfüßer, Muscheln, Ammoniten, Belemniten) finden sich darin Schwamm-Nadeln, Kieferapparate von Borstenwürmern (Scolecodonten), Statolithe von Tintenfischen, Zähnchen und Gehörsteinchen von Fischen, isolierte Skelett-Elemente verschiedener Gruppen der Stachelhäuter (Seeigel, Seelilien, See- und Schlangensterne, Seegurken), strukturierte Kotpillen von Muscheln (*Bactryllium*) und vor allem die klassischen Mikrofossilien, nämlich Muschelkrebse (Ostracoden) und Foraminiferen. Ihre Beschreibung erfolgt überwiegend im Zusammenhang mit der Darstellung der spezifischen Organismengruppen.

Foraminiferen

Foraminiferen sind einzellige Tierchen, die meistens ein vielkammeriges Gehäuse bauen, das zugleich eine Innenskelett-Funktion erfüllt. Es besteht aus organischem Material (Tektin), Kalk (Calcit, Aragonit) oder im Ausnahmefall aus Kieselsäure (Opal) bzw. wird aus Fremdpartikeln agglutiniert („Sandschaler"). Innerhalb der calcitschaligen Foraminiferen können Großgruppen nach der Struktur der Wand unterschieden werden. So sind zum Beispiel die ausgestorbenen Fusuliniden durch mikrogranulare Wände aus unregelmäßig angeordneten Kristalliten gekennzeichnet; die äußerlich porenlosen Gehäuse der Milioliden werden aus tangential orientierten Kristallen aufgebaut („Porzellanschaler"), während u.a. Lageniden, Rotaliiden und Globigeriniden ein- bzw. mehrschichtige Wände aus mehr oder weniger radial orientierten Kristalliten besitzen. Die einzelnen Kammern des Gehäuses stehen über Porensysteme miteinander in Verbindung und ermöglichen so, dass die Zelle das gesamte Gehäuse bewohnt. Das Ektoplasma tritt über eine oder mehrere Gehäusemündungen aus und umfließt das Gehäuse. Von ihm werden wurzelartig verzweigte Scheinfüßchen (Rhizopoden) zur Fortbewegung und zum Beutefang ausgestreckt. Foraminiferen leben, von wenigen Süßwasser-Arten abgesehen, seit dem Kambrium im Meer und haben dort nahezu alle benthischen Lebensräume erobert, von der Tiefsee bis ins Litoral. Seit dem Mitteljura hat sich eine kalkschalige Gruppe, die Globigerinida, auch im Plankton etabliert, wo sie bis heute in allen Ozeanen verbreitet ist. Fossil und rezent kennen wir ca. 50 000 Foraminiferen-Arten. Die Systematik dieser sehr formenreiche Gruppe basiert seit Loeblich & Tappan (1992) im Wesentlichen auf der Substanz und der Struktur des Gehäuses, so dass bisher Neontologen und Paläontologen weitgehend dasselbe Merkmalsinventar nutzen. Inwieweit molekularbiologische Methoden diese Eintracht künftig unterwandern werden, wird die Zukunft weisen. Die Dimension der Foraminiferen variiert zwischen ca. 40 µm bis 16 cm (Nummuliten), bei festsitzenden kalkschaligen Vertretern sogar bis annähernd 20 cm (*Acervulina*).

Abb. 2.3: Die Lageniden sind durch einlagige, mit feinen Poren ausgestattete Schalen aus grobkristallinem Calcit gekennzeichnet: A: Dentalina gracilis, B: Dentalina varians, C: Siphonodosaria consobrina, D: Dentalina vetutissima, E: Dentalina integra, F: Dentalina matutina funiculosa, G: Dentalina nuda, H: Nodosaria frankei, I: Nodosaria elongata, J: Nodosaria regularis, K: Lingulina tenera, L: Lingulina sp., M: Marginulina prima, N: Frondicularia terquemi pulchra, O: Frondicularia terquemi baueri, P: Frondicularia paradoxa, Q: Citharina sp., R: Citharina sp., S: Vaginulina anceps. Fotos: B. Ristau, J. Evers.

Abb. 2.4: Kalkschalige Foraminiferen. A: Marginulina thuringica, B: Planularia major, C: Astacolus matutinus, D: Astacolus primus, E: Lenticulina muensteri, F: Brizalina liasica, G: Lagena sulcata, H: Eoguttulina liasica, I: Aragonitschalige Epistomina parastelligera, J: sessile Bullopora rostrata auf Pleuroceras solare. Fotos: B. Ristau, J. Evers.

nicht aus einzelnen Nadeln zusammengesetztes Basalskelett auszuscheiden. In vielen Fällen hat das sekundäre Kalkskelett die Stützfunktion des Körpers übernommen und zu einer teilweisen oder vollständigen Reduktion des Sklerenskeletts geführt. Auf diese Weise kann auch bei Kiesel- und Hornschwämmen ein kalkiges Stützskelett auftreten (Reitner & Keupp 1989).

Im oberen Profilabschnitt des Amaltheentons von Buttenheim, zwischen dem EPH und der Bollernbank (und knapp darüber) konnte Ristau (2013) aus den Schlämmproben isolierte Spicula von Schwämmen auslesen (2.6). Die Elementanalyse mit Hilfe eines energiedispersiven Röntgensystems bestätigt deren Zusammensetzung aus Skelettopal (Kieselsäure). Neben annähernd kugeligen bis ovalen Mikroskleren (Durchmesser um 100 µm; 2.6C) fallen vor allem die knapp einen Millimeter langen, spindelförmigen Skleren mit noppiger Oberfläche auf (2.6A, B). Ihre Form entspricht einem Aspidaster, ein heute nur bei der Demospongier-Familie Geodiidae verbreiteter Mikroskleren-Typ (z. B. der Gattung *Erylus*). Die ökologisch sehr anpassungsfähigen Geodiiden reichen in der Erdgeschichte mindestens bis in Unter-Kambrium zurück (Mehl-Janussen 1999). Sie gehören zu den so genannten Weichschwämmen, die kein zusammenhängendes Stützskelett bilden, sondern ihren Körper durch eine Vielzahl unterschiedlich gestalteter Fleischnadeln stabilisieren.

Bactryllium

Auch Spurenfossilien (Defäkationsspuren) können aus den Schlämmproben ausgelesen werden. Besonders auffällig sind stabförmige, 1,5 bis 2 Millimeter lange Kotpillen mit charakteristischen Längsfurchen. Im Querschnitt erkennt man ein überwiegend siebenstrahliges Sternmuster (2.7). Ähnliche Mikrofossilien aus der Trias beschrieb Heer (1853) als *Bactryllium canaliculatum*. Die Natur dieser zunächst problematischen Mikrofossilien war lange umstritten. Sie wurden für Kieselalgen, Hautplatten von Würmern, Teile von Armleuchteralgen oder Spicula von Grünalgen gehalten (Keupp et al. 2018). Untersuchungen an rezenten Muscheln haben aber gezeigt, dass es sich bei den Stäbchen um die Kotpillen detritusfressender Nuculiden handelt, die im und vom Weichsediment leben und dessen organische Reste verdauen (Arakawa 1970). Die artspezifische Zahl von Längsfurchen in den Ausscheidungen variiert zwischen 5 und 9. Sie werden durch entsprechende Einfaltungen des hinteren Darmtrakts (Typhosole) verursacht, die interne, mit Cilien besetzte Längsrippen bilden. Nuculide Muscheln sind im Amaltheenton von Buttenheim regelmäßiger Bestandteil des Endobenthos (→ S.37). Die Fossilerhaltung der Kotpillen setzt ihre rasche Zementation voraus, wie sie im Sediment nahe der Redoxgrenze durch nitratreduzierende Bakterien gefördert wird.

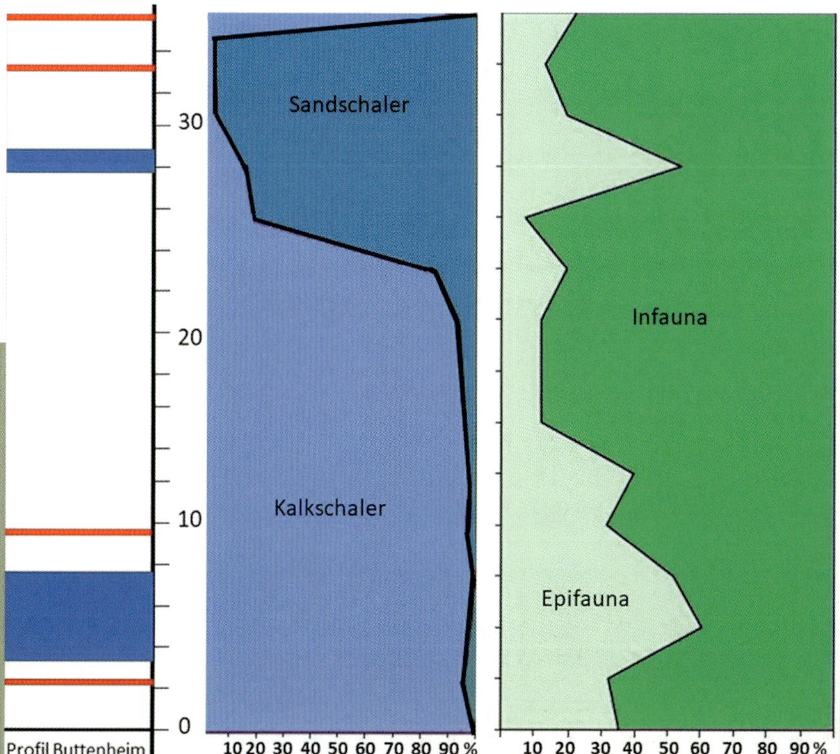

Abb.2.5: Verteilung der Foraminiferen (nur Weichboden-Assoziation ohne Berücksichtigung der Aufarbeitungshorizonte) im Amaltheenton-Profil von Buttenheim. Die Profildarstellung ist auf die Lage der vier Aufarbeitungshorizonte während der Meeresspiegeltiefstände (rot) und die Fossilanreicherungshorizonte der Meeresspiegelhochstände (blau) reduziert (verändert nach Ristau 2013).

Abb. 2.6: Isolierte kieselige Mikroskleren aus dem Grenzbereich Pliensbachium-Toarcium von Buttenheim weisen auf die Demospongier-Familie Geodiidae hin. A, B: Aspidaster, C: Annähernd kugelige Mikrosklere (Durchmesser 100 µ). Fotos: J. Evers.

Abb. 2.7: Die fossilen Kotpillen nuculider Muscheln (Bactryllium) sind längsgestreift. A: Isoliert aus einer Schlämmprobe der oberen Spinatum-Zone, B: Zwei an der Oberfläche einer Geode ausgewitterte Exemplare, C: aufgebrochene Geode mit Quer- und Längsschnitten. Fotos: J. Evers.

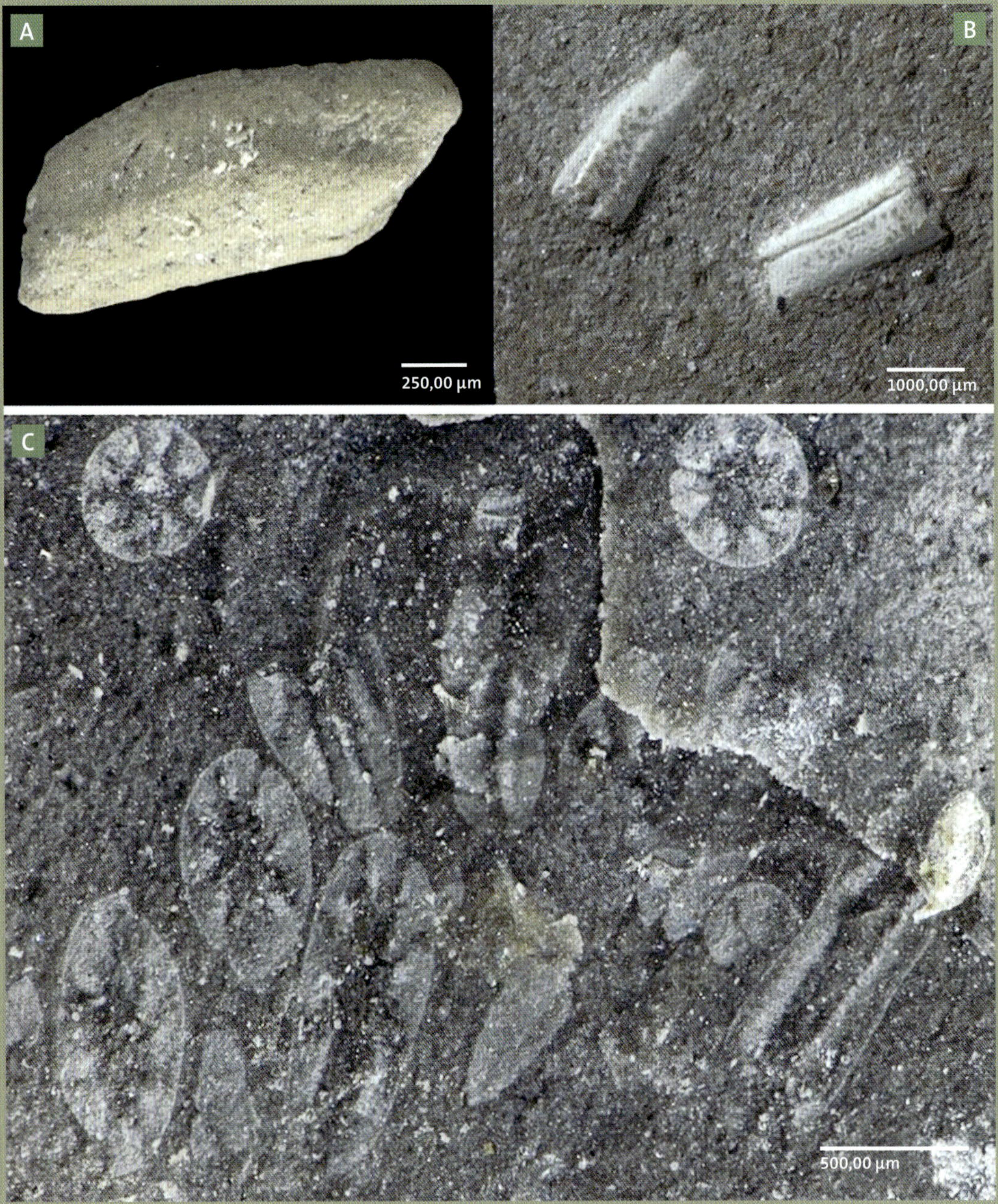

Helmut Keupp

Von Ringelwürmern und Grabfüßern

Von Borstenwürmern, einer erdgeschichtlich sehr alten Gruppe der Annelida, werden fossil überwiegend ihre Wohnröhren überliefert. Um einer möglichen Verwechslung mit den morphologisch zum Teil ähnlichen Gehäusen von Grabfüßern (Scaphopoden), einer endobenthisch lebenden Gruppe der Weichtiere (Mollusca), entgegenzuwirken, werden die Vertreter des Buttenheimer Amaltheentons beider Gruppen vergleichend dargestellt.

Polychaete Annelida

Vielborstige Ringelwürmer (= Polychaeta), haben seit Beginn des Kambriums nahezu alle marinen Lebensräume erobert. Heute leben ca. 10.000 Arten von der Tiefsee bis ins Litoral, meistens auf oder im Boden, teilweise auch planktisch. Ihre Ernährung bestreiten die frei beweglichen Vertreter als Weidegänger, Aas- und Substratfresser, während die sessilen Arten Filtrierer sind. Die Myzostomiden leben seit dem Altpaläozoikum als Parasiten, die sich in Echinodermen-Ossikel einnisten. Die rezente Gattung *Riftia* hat sich sogar an eine Ernährung von endosymbiontisch lebenden Archaeen angepasst und kann so selbst an den scheinbar lebensfeindlichen hydrothermalen „schwarzen Rauchern" der Tiefsee leben. Der langgestreckte Polychaeten-Körper misst wenige mm bis maximal 3 m. Er ist metamer gegliedert, d. h., mit Ausnahme des ersten und letzten Körpersegments, in denen sich die Mund bzw. After-Öffnung befinden, ist der Körper in zahlreiche gleichartige Segmente unterteilt. Jedes dieser Segmente trägt primär ein Paar bewegliche Parapodien, die mit chitinigen Borsten versehen sind. Frei bewegliche Formen wurden früher als „Errantia", die sessilen Arten als „Sedentaria" in jeweils eigenständigen systematischen Gruppen zusammengefasst. Die sessilen Formen bauen in der Regel Wohnröhren, die teils unmittelbar im Substrat angelegt, teils aus polymeren organischen Substanzen gebildet, teils aus Fremdpartikeln agglutiniert werden. Serpuliden und Sabelliden bauen eigenständige Röhren aus Calcit und haben daher ein besonders großes Erhaltungspotential.

Der Umstand, dass die Grabgemeinschaft (Taphozönose) im Amaltheenton von Buttenheim Polychaeten aus drei ganz unterschiedlichen Biotopen enthält (Weichsubstrat, Hartsubstrat, Pseudoplankton) führt dort zu einer ungewöhnlich hohen Artenvielfalt.

Die Weichboden-Vergesellschaftung des Stillwassers enthält gelegentlich Reste von „Errantia" in Form von isolierten Kiefer-Elementen (= Scolecodonten), die in mikropaläontologischen Schlämmproben gefunden werden (3.1). Scolecodonten sind unterschiedlich stark verkalkte Chitin-Elemente eines Kieferapparates, der sich im Inneren des ausstülpbaren Schlundes (Pharynx) befindet. Dem aus zwei Elementen bestehenden Unterkiefer steht eine größere Zahl meistens paarig angeordneter, mit Zähnchen ausgestatteter Oberkiefer-Elemente gegenüber. Beim Ausstülpen des Schlunds werden die Kieferelemente exponiert und dienen der Erbeutung kleinerer Tiere bzw. dem Abweiden des Untergrundes. Scolecodonten werden in der Regel isoliert fossil überliefert. Nur aus Konservatlagerstätten, unter denen auch Weichteile überliefert werden, sind sie im Zusammenhang mit dem Körper bekannt, wie z. B. bei *Eunicites* aus den Plattenkalken des Oberjuras von Solnhofen oder des Cenomaniums vom Libanon.

Augenfälliger sind die relativ seltenen Überreste der an Weichböden angepassten „Sedentaria", die teils in Form von Kalkröhren lose auf dem Sediment auflagen bzw. mehr oder weniger tief im Substrat steckten (*Pentaditrupa* sp., *Serpula etalensis*), teils als agglutinierte Röhren flachgedrückt im Mergelton erkennbar sind (*Eklexibella* ssp.).

Typisch für Kalkröhren des Weichsubstrates ist das Fehlen etwaiger Anwachsstellen. *Serpula etalensis* (3.2A) ist durch seine regelmäßige Anlage von kragenartigen Mündungserweiterungen gekennzeichnet, welche an der Röhren-Oberfläche regelmäßige Querringe erzeugten. Die Form ist vor allem in der Stillwasser-Fazies des Unter- und Mittellias Frankreichs weit verbreitet (Dumortier 1869), während aus dem süddeutschen Unterjura nur vereinzelte Funde beschrieben wurden. Aufgrund der starken Spiraleinrollung der Röhre geht Jäger (1996) davon aus, dass die Röhren im Gegensatz zu den nur schwach gebogenen, senkrecht im Substrat steckenden Röhren von *Pentaditrupa* (3.2B) dem Weichsubstrat lose auflagen. Die Querringe verhinderten dabei ein zu tiefes Einsinken. Angesichts der Lebensweise auf der Sedimentoberfläche droht der empfindliche Strudelapparat bei auftretender Wassertrübe rasch zu verstopfen. Wir können deshalb vermuten, dass das Auftreten von *Serpula etalensis* im Ammoniten-Lager der Apyrenum-Subzone ein Hinweis auf sehr ruhiges Bodenwasser zur Zeit der reduzierten Sedimentanlieferung während eines Meeresspiegelhochstands gelten kann.

Wahre Meister der Architektur waren die Vertreter der Gattung *Eklexibella* Keupp et al., 2014, eines terebelliden Polychaeten, der seine Wohnröhre aus streng selektierten Fremdkörpern verkittet hat. Der moderne Bäumchenröhrenwurm *Lanice conchilega* – auch „Muschelsammler" genannt – garniert den aufrechten, das Sediment überragenden Teil seiner senkrecht im Weichsubstrat angelegten Wohnröhre mit Schalenfragmenten unterschiedlicher Muscheln und Schnecken. Die für den Bau des agglutinierten Röhrenabschnitts benötigten Schalenfragmente werden mit den dünnen, sehr langen und mit Schleimdrüsen versehenen Tentakeln, welche am Kopflappen ansitzen, von der umgebenden Sediment-Oberfläche eingesammelt und in die Schleimwand der Röhre eingeklebt. Schließlich werden an der Mündung noch zur Tarnung bäumchenartig verzweigte Fransen aus verkitteten feinen Sandkörnern angelegt (Watson 1890; Ziegelmeier 1952).

Eklexibella nutzte ebenfalls grobe Partikel seiner Umgebung zum Röhrenbau, selektierte ihr Baumaterial jedoch streng nach Größe und Form. Weitschat & Gründel (2002) beschrieben aus dem Ober-Pliensbachium der Ahrensburger Geschiebegruppe Röhren, die nahezu ausschließlich aus einheitlich angeordneten Gehäusen juveniler Schnecken unterschiedlicher Arten in gleicher Größenordnung (1–2 mm) konstruiert wurden. Die Autoren konnten lediglich eine einzige miteingebaute Foraminifere ausfindig machen. In der oberen Spinatum-Zone von Buttenheim fand Johann Schobert zwei weitere Vertreter dieser Gattung. Sie konstruierten ihre Röhre entweder zu 96 % aus kalkschaligen Foraminiferen jeweils ähnlicher Größe (überwiegend *Dentalina, Planularia*) beziehungsweise aus meist doppelklappigen nuculiden Muscheln zwischen 3 und 5 mm Durchmesser (*Palaeonucula navis*). Obwohl Schnecken-Gehäuse derselben Größenordnung in Buttenheim reichlich zur Verfügung standen, wurden diese im Gegensatz zu den zeitgleichen Röhren aus dem Ahrensburger Geschiebe nicht genutzt. Da die Auswahl des Baumaterials offensichtlich genetisch gesteuert ist, haben Keupp et al. (2014) die neuen Artnamen *Eklexibella buttenheimensis* und *E. johanni* eingeführt (3.3, 3.4).

Das Vorkommen der Hartgrund-Vergesellschaftung mit typischen Polychaeten des Bewegtwassers konzentriert sich überwiegend auf die freigespülten Geoden der Aufarbeitungshorizonte, insbesondere des EPH. Eine wissenschaftliche Bearbeitung,

Lesen Sie bitte weiter hinter den Bildtafeln auf S. 26

Abb. 3.1: Fragment eines Scolecodonten aus den mikropaläontologisch aufbereiteten Amaltheenton (obere Spinatum-Zone) von Buttenheim (leg. J. Schobert / M. Kutscher).

Abb. 3.2: Röhrenwürmer des Weichbodens. A: Lose Spirale einer Serpula etalensis (Piette, 1856), Durchmesser 31 mm, neben Pleuroceras solare, Apyrenum-Subzone. B: Pentaditrupa sp. in einer Geode, Länge 27 mm, Slg. B. Doppelstein.

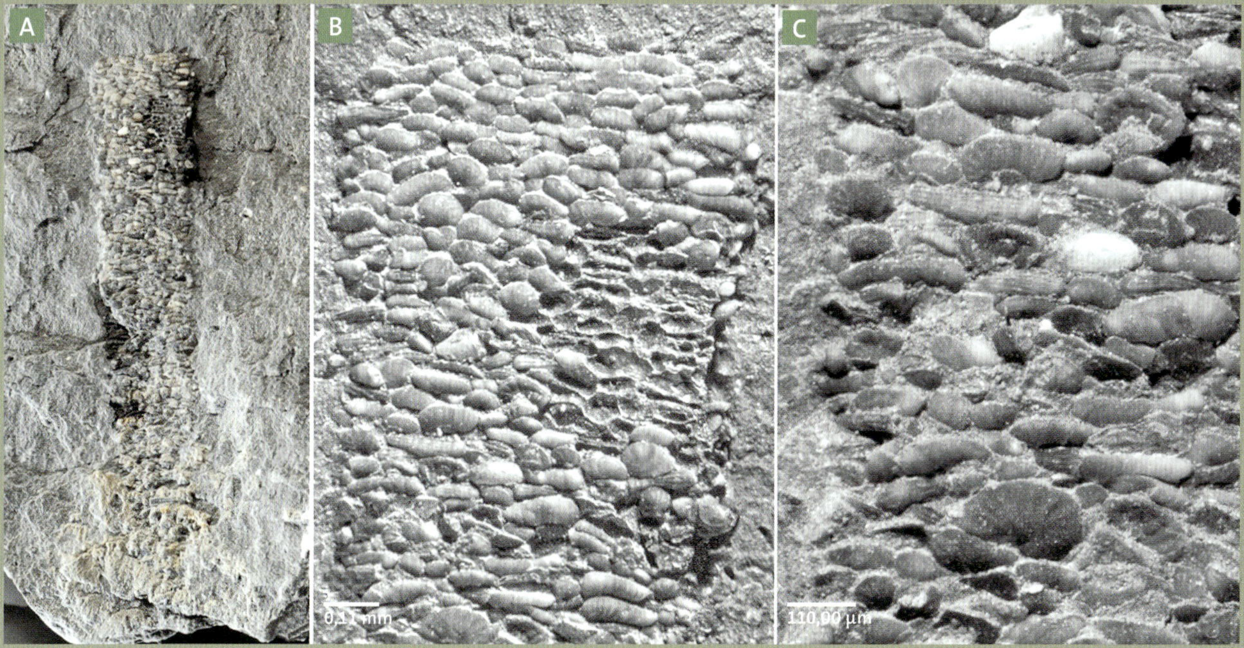

Abb. 3.3: Die plattgedrückte, 47 mm lange Röhre von Eklexibella buttenheimensis Keupp et al. 2014 (Holotyp) ist fast ausschließlich aus kalkschaligen Foraminiferen agglutiniert. Rechts Detailaufnahmen der Wandkonstruktion. Obere Spinatum-Zone, Buttenheim (leg. J. Schobert).

Abb. 3.4: Die insgesamt 65 mm lange Wohnröhre von Eklexibella johanni Keupp et al. 2014 (Holotypus) agglutinierte ausschließlich nuculide Muscheln etwa gleicher Größe. Leg. J. Schobert, obere Spinatium-Zone von Buttenheim.

Abb. 3.5 A,B: Geoden des EPH mit aufgewachsenen Röhren von Mucroserpula quinquecristata, 11,5 x 8 cm bzw. Ausschnitt-Vergrößerung (Bildbreite 4 cm). C: Zwei zarte, anfangs spiralig eingerollte Röhren von Cementula cf. complanata, Höhe 8 mm.

Abb. 3.6: Dünne, senkrecht von der Oberfläche aus in die Geoden des EPH angelegte, mit Sediment verfüllte Bohrlöcher vom Potamella-Typ werden als Wohnröhren polychaeter Würmer gedeutet. Bildbreite 1 cm. Foto: J. Evers.

Abb. 3.7: Mit Treibhölzern konnten aufsiedelnde Trittbrettfahrer von der Küste in ferne Regionen verdriftet werden. A: Treibholz in Geode eingeschlossen, Bildbreite 13 cm. B: In den Geoden sind die Treibhölzer oft exzellent erhalten und zeichnen die Zellstruktur detailliert nach (leg. B. Doppelstein). C: Käferschnecken sind typische Bewohner von Felsküsten. Die nur 8 mm lange Ischnochiton marloffsteinensis Fiedel & Keupp, 1988 (Holotypus) stammt aus der aufgelassenen Tongrube Marloffstein bei Erlangen (28 km südlich von Buttenheim) und wurde zur Zeit der Apyrenum-Subzone auf einem Treibholz dorthin transportiert. D: Eine bisher unbestimmte Art von Mucroserpula aus dem Bereich des EPH von Buttenheim auf einem ca. 20 cm langen fossilen Treibholz. Leg. J. Schobert (aus Keupp et al. 2018).

Abb. 3.8: Gehäuse von Scaphopoden können leicht mit Kalkröhrenwürmern verwechselt werden. A, B: Vollständiges 22 mm langes Gehäuse (Foto B. Doppelstein) und Fragmente der abgerundet dreikantigen Gattung Progadilina aus Buttenheim, Maßstab 1 mm. C: Laevidentalia sp., Länge 8,5 mm. D: Prodentalium bandeli ist durch eine feine Längsstreifung charakterisiert. Die Oberfläche ist mit einem Netzwerk mutmaßlicher fossiler Pilzhyphen überzogen; Bildhöhe 2 mm (Foto: B. Doppelstein). C: Prodentalium bandeli mit regenerierter Schalenverletzung. Bildhöhe 4 mm.

die das gesamte Artenspektrum erfasst, steht noch aus (Jäger & Schubert 2008). Die dominante Form ist *Mucroserpula quinquecristata* (Münster in Goldfuss, 1831). Ihre mehrere Zentimeter großen spitz-konischen Calcit-Röhren sind über ihre gesamte Länge mit einer Seite dem Substrat aufgewachsen. Auffällig sind die insgesamt fünf scharfgratigen, wellenlinig verlaufenden Längskanten, die den Röhren einen fünfseitigen Umriss verleihen (3.5A, B). Die Struktur ihrer calcitischen Röhrenwand ist doppellagig. Die primär angelegte, grobfaserige äußere Schicht wird sekundär von einer feinkörnigen inneren Tapete ausgekleidet. Aufgebrochene Röhren erscheinen durch die unterschiedlichen Reflexionseigenschaften der beiden Strukturtypen deshalb zweifarbig, außen dunkel (grau), innen hell (beige).

Seltener finden sich, teils auf großen *Amaltheus*-Gehäusen der Pyriterzbank, teils auf Geoden des EPH, die zarten, meist weniger als 1 mm dicken Röhren von *Cementula* (Keupp et al. 2018). Anfangs bilden die über die gesamte Röhrenlänge auf dem Untergrund fixierten, kaum an Durchmesser zunehmenden Röhren regelmäßig gewundene Spiralen. Lediglich der letzte Abschnitt kann sich von der Spirale lösen und gestreckt weiterwachsen (3.5C). Parsch (1956) stellt diese Formen zu *„Cycloserpula" circinnalis* (Münster), während Jäger & Schubert (2008) alle ähnlichen Funde aus dem Pliensbachium vorläufig der Art *Cementula complanata* (Goldfuss, 1831) zuordneten.

Dünne Bohrlöcher von weniger als 1 mm Durchmesser und bis zu 1 cm Länge, die senkrecht in die Geoden geätzt wurden, können nach Ellenberger (1947) in Analogie zur modernen *Potamella reniformis* den Polychaeten zugewiesen werden (3.6). Sie ähneln der Spurengattung *Trypanites*, die Mägdefrau (1932) aus unvollständig verfestigten Sedimenten des Unteren Muschelkalks beschrieben hat (Hölder & Hollmann 1969).

Aus Küstennähe als Pseudoplankton eingedriftete Organismen können die lokale Artenvielfalt erweitern. So wiesen beispielsweise Fiedel & Keupp (1988) aus der nur 28 km südlich von Buttenheim gelegenen, heute aufgelassenen Tongrube im Amaltheenton von Marloffstein bei Erlangen die weltweit ersten vollständigen Käferschnecken (Chitonen) aus dem Jura nach (3.7C). Die günstigen Erhaltungsbedingungen im Amaltheenton haben ihre Überlieferung ermöglicht, während im Felslitoral, dem bevorzugten Lebensraum der Käferschnecken, kaum Chancen auf eine artikulierte Erhaltung bestanden. Auch in Buttenheim treten nicht selten fossile Treibhölzer auf, die oft als pyritisierte, schwarz glänzende Gagat-Kohle überliefert sind. Besonders eindrucksvoll lassen die Treibhölzer, die in karbonatischen Konkretionen eingeschlossen sind, den Zellaufbau des Holzes im Dünnschliff detailliert erkennen (3.7A, B). Johann Schobert konnte im Frühjahr 2017 im Bereich des EPH der Tongrube Buttenheim ein ca. 20 cm langes Pyrit-umkrustetes Treibholz in mehreren Fragmenten bergen, das dicht mit bis zu 7 cm langen Röhrenwürmern einer bis dahin aus dem Amaltheenton unbekannten *Mucroserpula*-Art besiedelt ist. Die anfangs fünfeckigen Röhren mit leistenförmigen Kanten werden mit zunehmendem Alter kreisrund und erreichen Durchmesser bis 8 mm (3.7D). Die für Buttenheim ungewöhnliche Art scheint ein ökologischer Fremdgänger aus der Küstenregion zu sein (Keupp et al. 2018).

Scaphopoda

Auf den ersten Blick könnte man die im Weichsubstrat verbreiteten, bis 3 cm lang werdenden, gebogenen Kalkröhren von Dentalien für Röhrenwürmer halten. In der Tat sind in der älteren Literatur Verwechslungen nicht ausgeschlossen (Engeser & Riedel 1992). Im Unterschied zu den Kalkröhrenwürmern, deren Wand aus zwei unterschiedlich strukturierten Calcit-Lagen aufgebaut ist, verrät die dreischichtige Struktur der aragonitischen Dentalien-Kalkwand, dass es sich um einen conchiferen Mollusken aus der Gruppe der Scaphopoda (= Kahn- oder Grabfüßer) handelt. Im Amaltheenton von Buttenheim finden sich Vertreter unterschiedlicher Gruppen. *Progadilina* cf. *trigonalis* (Moore, 1867) hat einen abgerundet dreieckigen Querschnitt und zeigt auf der Oberfläche eine sehr feine Querstreifung (3.8A). Dagegen ist *Laevidentalium* durch gebogene, im Querschnitt runde Röhren gekennzeichnet. Die annähernd glatte Oberfläche lässt nur bei höherer Vergrößerung sehr feine Anwachsstreifen, die leicht schräg verlaufen, erkennen (3.8D). Die Röhren der im Querschnitt ebenfalls runden *Prodentalium* besitzen feine Längsstreifen. Das auf Abb. 3.8C wiedergegebene Exemplar hatte eine größere Schalen-Verletzung regeneriert. Die Scaphopoden, die sich vermutlich während des Devons aus den muschelähnlichen Rostroconcha entwickelt haben (Engeser & Riedel 1996), tragen ein sekundär einteiliges, röhrenförmiges Gehäuse, das an beiden Enden offen ist. Sie leben eingegraben im Lockersediment bis 7000 m Wassertiefe und versorgen sich über die kleine, die Sedimentoberfläche überragende dorsale Gehäuseöffnung mit Sauerstoff. Als Sedimentfresser ernähren sie sich von Kleinorganismen im Porenraum des Sediments, z. B. von Foraminiferen.

Vorspannbild: J. Schobert

Alexander Nützel

Die Schnecken des Amaltheentons von Buttenheim

Schnecken (Gastropoden) sind die artenreichste Klasse der Weichtiere (Mollusca). Schätzungen gehen von bis zu 100.000 lebenden Arten aus, wobei die Angaben stark schwanken. Sie gehören sowohl anatomisch als auch hinsichtlich ihrer Schale zu den asymmetrischsten Tieren überhaupt. Schnecken kommen von der Tiefsee bis ins Hochgebirge vor. Die meisten gibt es im Meer – sie besiedeln aber auch Flüsse und Seen und sind die einzigen Weichtiere, die das Land eroberten und dabei Luft atmen.

Nach Foramiferen und Muscheln bilden Gastropoden die artenreichste Fossilgruppe im Amaltheenton von Buttenheim. Durch das massenhafte Auftreten von Kleinschnecken in Schlämmproben übertreffen Schnecken die Muscheln an Häufigkeit. Es ist nicht ungewöhnlich, durch Schlämmen und Sieben von einigen Kilogramm Ton mehrere Hundert Schnecken zu gewinnen, die meisten davon aber so klein, dass sie nur unter dem Mikroskop zu sehen sind. Dazu sollte eine Maschenweite des Siebs von 0,5 mm gewählt werden, damit kleinwüchsige Arten und Jugendstadien nicht verloren gehen. Für einige Arten ist allerdings selbst diese Maschenweite noch zu grob.

Die Schnecken des Amaltheentons von Buttenheim sind recht gut erhalten, wenngleich das ursprüngliche Schalenmaterial Aragonit in der Regel durch Calcit ersetzt wurde. Dies geschah jedoch so schonend, dass feinste Schalenornamente erhalten blieben. Auch die frühen Schalen, die so genannten Protoconche, mit denen die Tiere aus dem Ei schlüpfen, sind oft noch an der Schalenspitze (Apex) erhalten. Dies ist bei fossilen Schnecken selten der Fall. Die Merkmale des Protoconchs sind wichtig für die Bestimmung und geben Aufschluss, welcher Großgruppe die Arten angehören. So zeichnen sich Mitglieder der Unterklasse Heterobranchia durch einen heterostrophen Protoconch aus, das heißt, der Protoconch ist linksgewunden und die spätere Schale ist rechtsgewunden. Also erfolgt innerhalb einer Schale eine Umkehr des Windungssinns von links nach rechts. Dies ist beispielsweise bei den heterobranchen Gattungen *Tricarilda*, *Neodonaldina*, *Schobertinella*, *Domerionina* und *Cossmannina* der Fall (4.2).

Die Protoconche der meisten Schneckenarten von Buttenheim gehen auf planktische Larven zurück, die sich von einzelligen Algen und anderen Plankton-Organismen ernährt haben. Dies kann man an der Größe der Protoconche (meist weniger als 1 mm, Durchmesser der ersten Windung 0,1 bis 0,2 mm) und aus der Anzahl der Protoconch-Windungen schließen. Das Amaltheenton-Meer war also reich an im Wasser schwebenden Schneckenlarven, bevor sich die Tiere zu Boden sinken ließen, um nach einer Metamorphose dort als Benthos zu existieren. Die kleine berippte Schnecke *Costasphaera franconica* (4.1) könnte eine Art sein, die ihr gesamtes Leben, also nicht nur als Larve, im Plankton verbrachte. Möglicherweise war es aber auch nur die Larve einer bisher unbekannten Art. Rein planktische Schnecken, wie sie rezent bekannt sind, scheinen sich schon im Unterjura entwickelt zu haben. Beispielsweise wird der im Posidonienschiefer – auch in Buttenheim – massenhaft vorkommende *Coelodiscus minutus* als planktisch interpretiert (Bandel & Knitter 1983; Teichert & Nützel 2015). Aus dem Amaltheenton wurde diese Art jedoch bislang nicht bekannt.

Rekord beim Artenreichtum

Muscheln und Schnecken sind klar die beherrschenden Gruppen in der bodenbewohnenden Fauna des Amaltheentons von Buttenheim und spielten somit eine zentrale Rolle im Ökosystem des Jurameeres. In der letzten umfassenden Arbeit über die Schnecken des fränkischen Amaltheentons wurden 38 Arten aus Buttenheim nachgewiesen, davon 33 identifizierte und fünf Arten in offener Nomenklatur (Nützel & Gründel 2015). Hinzu dürften noch einige Arten der Gattungen *Domerionina* und *Cossmannina* kommen, die aus dem Amaltheenton von Kalchreuth beschrieben wurden (Gründel & Nützel 1998) und wohl auch in Buttenheim vorkommen. Arten dieser Gattungen sind sehr schwer zu bestimmen und auseinander zu halten. Ferner gibt es mindestens noch zwei unbeschriebene Arten aus Buttenheim (darunter *Emarginula* sp.), so dass insgesamt von über 40 Schneckenarten auszugehen ist. Diese Artenzahl aus einem einzigen Aufschluss ist hoch, besonders da es sich um eine Weichbodenfauna handelt, die normalerweise eine weit weniger diverse Vergesellschaftung hervorbringen als beispielsweise Faunen aus Riffen oder Rifflagunen. Insgesamt ist dies eine der höchsten Gastropoden-Artenzahlen, die je aus einem einzelnen Unterjura-Aufschluss bekannt wurden. Die intensive Sammeltätigkeit und Beprobung der Tongrube spielen hierbei sicher eine große Rolle. Je intensiver gesammelt wird, desto mehr seltene Arten werden gefunden; gleichzeitig wird es jedoch zunehmend unwahrscheinlich, neue Arten zu finden.

Unter den etwa 40 Arten, die aus der Tongrube Buttenheim bekannt wurden, haben sieben dort ihre Typuslokalität: *Cryptaulax johanni, Purpurina liassica, Tripartella neubaueri, Buttenheimia dietzi, Tricarilda schoberti, Tricarilda recta* und *Camponaxis jurassica* (4.1, 4.2) (Nützel & Gründel 1998). Insgesamt ist die Artenzahl eine wichtige Kennziffer, um eine Lebensgemeinschaft wie die des Amaltheentons zu charakterisieren und zu verstehen. Je mehr Arten eine Lebensgemeinschaft umfasst, desto komplexer wird sie in der Regel sein. Eine Lebensgemeinschaft umfasst alle Individuen und Arten in einem bestimmten Gebiet, die untereinander und mit ihrer Umwelt in Beziehung stehen. Allerdings ist es nicht nur wichtig, wie viele Arten in einer fossilen Lebensgemeinschaft vorhanden sind, sondern auch wie häufig sie sind. Wird eine Gemeinschaft zum Beispiel stark von einer Art beherrscht, während alle anderen mehr oder weniger selten sind, so gilt sie als weniger divers als eine Gemeinschaft, in der die Arten gleichmäßiger verteilt sind. Allgemein ist es in fast allen Lebensgemeinschaften so, dass wenige Arten häufig und viele Arten selten sind – und so ist es auch in Buttenheim bzw. im fränkischen Amaltheenton überhaupt. Vier Schneckenarten sind extrem häufig: *Levipleura blainvillei, Francocerithium kochi, Kalchreuthia frankei* (4.8) und *Domerionina domeria* (Nützel & Hornung 2002; Nützel 2008). Dies sind nicht nur die häufigsten Schnecken, sondern überhaupt die häufigsten Tierarten in der Tongrube Buttenheim. Sie sind hochgetürmt und klein. *Levipleura blainvillei* und *Francocerithium kochi* werden etwas über 1 cm hoch und können bei genauem Hinsehen im Gelände gefunden werden. Hingegen sind *Kalchreuthia frankei* und *Domerionina domeria* nur wenige Millimeter hoch und können mit bloßem Auge im Gelände kaum entdeckt werden. In Schlämmproben kommen sie jedoch überaus häufig vor. Alle anderen Arten sind wesentlich seltener oder ausgesprochen selten, darunter auch die bei Sammlern populären Arten *Pleurotomaria amalthei* und *Pseudokatosira undulata*, die zu den wenigen relativ großen Schneckenarten der Buttenheimer Tongrube gehören. Betrachtet man die Biomasse, dürften die größeren Schnecken und auch die Muscheln ökologisch größere Bedeutung haben, als es ihre Seltenheit vermuten ließe – es braucht wohl einige Tausend Exemplare von *Kalchreuthia* um eine *Pleurotomaria* aufzuwiegen.

Hinweise zur Lebensweise

Die meisten Schneckenarten aus Buttenheim haben kriechend auf dem tonigen Meeresboden gelebt. Ob es Algendickichte gegeben hat, in denen die Schnecken lebten und fraßen, ist unbekannt. Es ist möglich, dass das Amaltheenton-Meer zumindest zeitweise zu tief war, um Algenwachstum zu ermöglichen, also schon unterhalb der hinreichend durchlichteten Zone (Nützel & Kiessling 1997; Nützel 2008). Leider ist die Lebensweise fossiler und selbst vieler lebender Schneckenarten unzureichend bekannt. Schnecken besitzen eine Raspelzunge (Radula), ein elastisches

Abb. 4.1: Übersicht über die im Amaltheenton von Buttenheim nachgewiesenen Schneckenarten, Teil 1.

Abb. 4.2: Übersicht der im Amaltheenton von Buttenheim nachgewiesenen Schneckenarten, Teil 2.

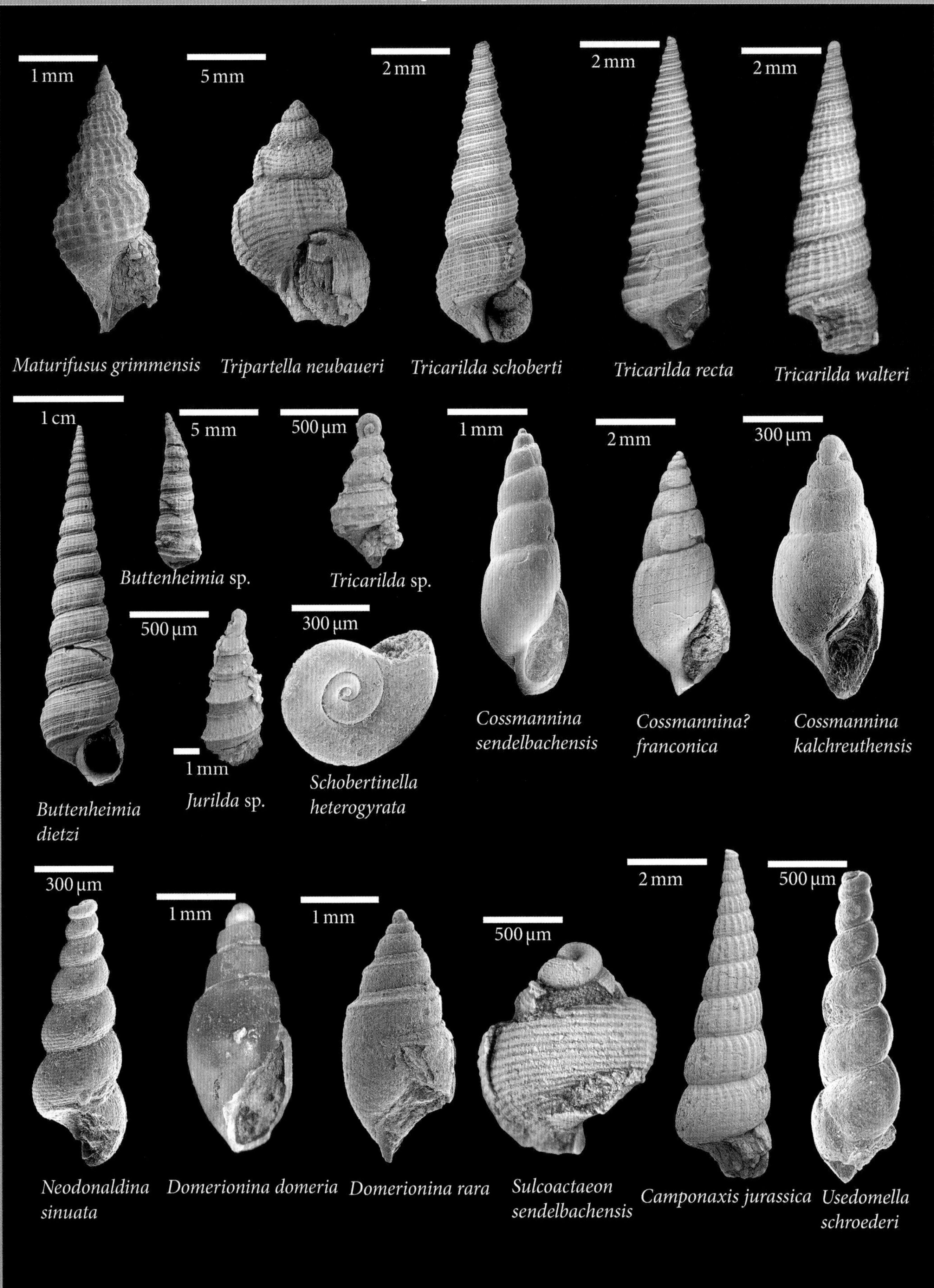

Band, das mit zahlreichen Zähnchen besetzt ist. Die Radula wird mit Muskeln über ein knorpeliges Polster gezogen. Auf diese Weise können beispielsweise Algen- oder Mikrobenfilme abgeraspelt werden. Keupp et al. (2016) beschreiben auf Geoden-Oberflächen entsprechende Spurenfossilien (*Radulichnus*; → S. 82). Es gibt jedoch auch Schnecken, die räuberisch oder parasitisch leben. Andere graben im Meeresboden und fressen dort im Boden lebende Organismen. Verbreitet sind auch Detritus-fressende Arten. Detritus ist organisches Material, Überreste toter Organismen, die aus dem Wasser auf den Meeresboden sinken und dort eine lockere Schicht bilden, die vielen Tieren als Nahrung dient. Auch Aasfresser sind unter Schnecken nicht selten. Man kann sich vorstellen, dass so manche Schnecke des Buttenheimer Amaltheenton-Meers sich an einem Ammoniten- oder Fischkadaver gütlich getan hat. Die Gastropoden umfassen vier formenreiche Gruppen, von denen drei im Amaltheenton arten- und individuenreich vertreten sind: Vetigastropoda, Caenogastropoda und Heterobranchia. Die vierte Gruppe – Neritimorpha – ist in Buttenheim kaum vertreten (evtl. *Hayamia reticulata*).

Abb. 4.3: Ungewöhnliche Anhäufung mehrerer Exemplare von Pleurotomaria amalthei aus dem Pyriterzhorizont.

Die altertümlichen Vetigastropoda

Die urtümlichen Vetigastropoda (entspricht etwa den traditionellen Archaeogastropoda) kommen mit einigen Arten im Amaltheenton vor, von denen keine sehr häufig ist. Hierher gehören die Schlitzbandschnecken (Pleurotomariida) *Pleurotomaria amalthei*, *Angulomphalus expansus* und *Sisenna canalis*. Das Schlitzband entsteht während des Fortbaus der Schale durch Verschluss eines tiefen Schalenschlitzes in der Mündung. Dieser Schlitz dient der Versorgung der Mantelhöhle mit frischem, sauerstoffreichem Wasser, das über die Kiemen geleitet wird und dann am Ende des Schlitzes abgeführt wird. Schlitzbandschnecken waren im mittleren und späten Paläozoikum eine der formenreichsten Gastropodengruppen. Sie büßten während der end-permischen und end-triassischen Massenaussterben erheblich an Diversität ein und kommen heute nur noch mit wenigen Reliktformen im Tiefwasser vor.

Abb. 4.4: Typische Faziestücke aus Buttenheim. A: Mit zahlreichen Muscheln, einem Seelilienstiel (Balanocrinus subteroides) und Eucycloscala escheri (links oben). B, C: Konkretion mit Muschel und Riselloidea periniana (B, rechts oben) und Marloffsteinia cyclostoma mit einem Ornament aus kleinen Knoten und Riselloidea periniana (basale Ansicht mit Spiralrippen, C).

Abb. 5.6: Grammatodon muensteri in „Schmetterlingsstellung".

Abb. 5.7: Grammatodon (Cosmetodon) sinemuriensis, eine der in Buttenheim sehr seltenen länglichen Vertreter der Untergattung Cosmetodon.

Abb. 5.8: Catella? numismalis, A: von außen, B: Innenseite mit Schloss. Die Form, der Sulcus von Wirbel zum Ventralrand sowie die Anordnung der Schlosszähne sprechen am ehesten für die Gattung Catella. Allerdings sind viele Gattungen innerhalb der Parallelodontiden, darunter Catella, schlecht definiert.

Abb. 5. 9: Modiolus imbricatus, häufig in den Flachmeeren des Mittel- und Oberjuras, eher seltener Gast im Amaltheenton-Meer von Buttenheim.

Abb. 5.10: Die Steckmuschel Pinna folium ist relativ kleinwüchsig in Buttenheim vertreten. Länge 5,4 cm.

Band, das mit zahlreichen Zähnchen besetzt ist. Die Radula wird mit Muskeln über ein knorpeliges Polster gezogen. Auf diese Weise können beispielsweise Algen- oder Mikrobenfilme abgeraspelt werden. Keupp et al. (2016) beschreiben auf Geoden-Oberflächen entsprechende Spurenfossilien (*Radulichnus*; → S. 82). Es gibt jedoch auch Schnecken, die räuberisch oder parasitisch leben. Andere graben im Meeresboden und fressen dort im Boden lebende Organismen. Verbreitet sind auch Detritus-fressende Arten. Detritus ist organisches Material, Überreste toter Organismen, die aus dem Wasser auf den Meeresboden sinken und dort eine lockere Schicht bilden, die vielen Tieren als Nahrung dient. Auch Aasfresser sind unter Schnecken nicht selten. Man kann sich vorstellen, dass so manche Schnecke des Buttenheimer Amaltheenton-Meers sich an einem Ammoniten- oder Fischkadaver gütlich getan hat. Die Gastropoden umfassen vier formenreiche Gruppen, von denen drei im Amaltheenton arten- und individuenreich vertreten sind: Vetigastropoda, Caenogastropoda und Heterobranchia. Die vierte Gruppe – Neritimorpha – ist in Buttenheim kaum vertreten (evtl. *Hayamia reticulata*).

Abb. 4.3: Ungewöhnliche Anhäufung mehrerer Exemplare von Pleurotomaria amalthei aus dem Pyriterzhorizont.

Die altertümlichen Vetigastropoda

Die urtümlichen Vetigastropoda (entspricht etwa den traditionellen Archaeogastropoda) kommen mit einigen Arten im Amaltheenton vor, von denen keine sehr häufig ist. Hierher gehören die Schlitzbandschnecken (Pleurotomariida) *Pleurotomaria amalthei*, *Angulomphalus expansus* und *Sisenna canalis*. Das Schlitzband entsteht während des Fortbaus der Schale durch Verschluss eines tiefen Schalenschlitzes in der Mündung. Dieser Schlitz dient der Versorgung der Mantelhöhle mit frischem, sauerstoffreichem Wasser, das über die Kiemen geleitet wird und dann am Ende des Schlitzes abgeführt wird. Schlitzbandschnecken waren im mittleren und späten Paläozoikum eine der formenreichsten Gastropodengruppen. Sie büßten während der end-permischen und end-triassischen Massenaussterben erheblich an Diversität ein und kommen heute nur noch mit wenigen Reliktformen im Tiefwasser vor.

Abb. 4.4: Typische Faziestücke aus Buttenheim. A: Mit zahlreichen Muscheln, einem Seelilienstiel (Balanocrinus subteroides) und Eucycloscala escheri (links oben). B, C: Konkretion mit Muschel und Riselloidea periniana (B, rechts oben) und Marloffsteinia cyclostoma mit einem Ornament aus kleinen Knoten und Riselloidea periniana (basale Ansicht mit Spiralrippen, C).

Abb.4.7: Pseudokatosira undulata aus dem Pyriterzhorizont. Maßstab 1 cm.

streifung. Die Gattung *Domerionina* zeichnet sich durch eine Rampe oder einen Absatz unterhalb der Naht aus. *Domerionina domeria* ist im fränkischen Amaltheenton eine der drei häufigsten Schneckenarten. In Buttenheim und Kalchreuth ist sie in jeder Schlämmprobe in großer Zahl vorhanden. Funde im Gelände gelingen selten, da die Art kleinwüchsig ist (maximale Höhe 5 bis 6 mm). Viel seltener ist *Domerionina rara*, wie deren Name schon sagt. *Cossmannina* ist eine weitere Gattung der Heterobranchia, die im Amaltheenton mit etlichen Arten vorkommt, von denen keine besonders häufig ist (*Cossmannina franconica, C. sendelbachensis, C. abdominiformis* und *C. kalchreuthensis,* 4.2). Die Artunterschiede dieser merkmalsarmen Gruppe sind sehr subtil und betreffen vor allem Bau und Größe des Protoconchs. Nur *Cossmannina franconica* und *C. sendelbachensis* werden so groß, dass sie regelmäßig im Gelände gefunden werden können (ca. 5 bis 10 mm).

Seit kurzer Zeit wurden einige Arten der Mathildoidea aus dem Amaltheenton von Buttenheim bekannt: *Buttenheimia dietzi, Camponaxis jurassica, Tricarilda schoberti, T. recta* und *T. walteri* sowie einige weitere Arten, die nicht näher bestimmt sind (4.2) (Nützel & Gründel 2015). Diese Arten sind schlank, hochgetürmt und besitzen ein Ornament aus Spiral- und Axialrippen. Ihr Protoconch ist heterostroph. *Buttenheimia dietzi* ist mit über 6 cm Höhe für Mathildoidea sehr groß. Die *Tricarida*-Arten unterscheiden sich bezüglich der Konvexität ihrer Windungen und ihres Ornaments voneinander.

Weitere Heterobranchia, die aus Buttenheim bekannt wurden, sind die winzigen *Neodonaldina sinuata, Usedomella schroederi* und die planispirale *Schobertinella heterogyrata.* (4.2).

Die gute Erhaltung und Häufigkeit der Schnecken sowie die intensive Beprobung (häufige Aufsammlungen) machen die Tongrube Buttenheim zu einem für den deutschen Unterjura einmaligen Vorkommen. Es ist klar, dass die Schnecken im dortigen Meer ökologisch eine bedeutende Rolle gespielt haben. Die wichtigsten Faktoren waren der schlammige, weiche Meeresboden und wahrscheinlich eine instabile Versorgung mit Sauerstoff (Nützel & Kiessling 1997; Nützel 2008). Die Schneckenarten des Amaltheentons fehlen im Posidonienschiefer. Die meisten dürften dem Massenaussterben an der Pliensbachium/Toarcium-Grenze zum Opfer gefallen sein (Nützel & Schulbert 2017). So ist keine einzige der Buttenheimer Arten mehr im oberen Toarcium und unteren Aalenium der Tongrube Mistelgau vorhanden (Schulbert & Nützel 2013; Nützel & Schulbert 2017). Die Schneckenfauna des Posidonienschiefers selbst ist viel artenärmer und von *Coelodiscus minutus* dominiert, einer planktisch lebenden Schnecke (Bandel & Hemleben 1987; Teichert & Nützel 2015), die wiederum im Amaltheenton von Buttenheim fehlt.

Abb. 4.8: Francocerithium kochi, eine der häufigsten Schneckenarten im Amaltheenton von Buttenheim.

Abb. 4.3: *Ungewöhnliche Anhäufung mehrerer Exemplare von Pleurotomaria amalthei aus dem Pyriterzhorizont.*

Band, das mit zahlreichen Zähnchen besetzt ist. Die Radula wird mit Muskeln über ein knorpeliges Polster gezogen. Auf diese Weise können beispielsweise Algen- oder Mikrobenfilme abgeraspelt werden. Keupp et al. (2016) beschreiben auf Geoden-Oberflächen entsprechende Spurenfossilien (*Radulichnus;* → S. 82). Es gibt jedoch auch Schnecken, die räuberisch oder parasitisch leben. Andere graben im Meeresboden und fressen dort im Boden lebende Organismen. Verbreitet sind auch Detritus-fressende Arten. Detritus ist organisches Material, Überreste toter Organismen, die aus dem Wasser auf den Meeresboden sinken und dort eine lockere Schicht bilden, die vielen Tieren als Nahrung dient. Auch Aasfresser sind unter Schnecken nicht selten. Man kann sich vorstellen, dass so manche Schnecke des Buttenheimer Amaltheenton-Meers sich an einem Ammoniten- oder Fischkadaver gütlich getan hat. Die Gastropoden umfassen vier formenreiche Gruppen, von denen drei im Amaltheenton arten- und individuenreich vertreten sind: Vetigastropoda, Caenogastropoda und Heterobranchia. Die vierte Gruppe – Neritimorpha – ist in Buttenheim kaum vertreten (evtl. *Hayamia reticulata*).

Die altertümlichen Vetigastropoda

Die urtümlichen Vetigastropoda (entspricht etwa den traditionellen Archaeogastropoda) kommen mit einigen Arten im Amaltheenton vor, von denen keine sehr häufig ist. Hierher gehören die Schlitzbandschnecken (Pleurotomariida) *Pleurotomaria amalthei*, *Angulomphalus expansus* und *Sisenna canalis*. Das Schlitzband entsteht während des Fortbaus der Schale durch Verschluss eines tiefen Schalenschlitzes in der Mündung. Dieser Schlitz dient der Versorgung der Mantelhöhle mit frischem, sauerstoffreichem Wasser, das über die Kiemen geleitet wird und dann am Ende des Schlitzes abgeführt wird. Schlitzbandschnecken waren im mittleren und späten Paläozoikum eine der formenreichsten Gastropodengruppen. Sie büßten während der end-permischen und end-triassischen Massenaussterben erheblich an Diversität ein und kommen heute nur noch mit wenigen Reliktformen im Tiefwasser vor.

Abb. 4.4: Typische Faziestücke aus Buttenheim. A: Mit zahlreichen Muscheln, einem Seelilienstiel (Balanocrinus subteroides) und Eucycloscala escheri (links oben). B, C: Konkretion mit Muschel und Riselloidea periniana (B, rechts oben) und Marloffsteinia cyclostoma mit einem Ornament aus kleinen Knoten und Riselloidea periniana (basale Ansicht mit Spiralrippen, C).

Die Schlitzbandschnecke *Pleurotomaria amalthei* ist einer der größten Bodenbewohner des Amaltheentons und erreicht eine Größe von 5 bis 6 cm (4.3). Die Art ist relativ selten und überwiegend auf den tieferen Grubenbereich (Pyriterzbank) konzentriert. Sie wird fast ausschließlich im Gelände gefunden, während sie in Schlämmproben meist fehlt. Sie ist reich mit einer feinen Gitterskulptur und kräftigen Knoten ornamentiert. Das Schlitzband liegt etwa in der Mitte der Windungen.

Angulomphalus expansus erreicht in Franken eine Größe von bis zu 3 cm (4.1). Er ist niedrig gewunden, fast diskusförmig und wenig skulptiert. Das Schlitzband liegt an der Außenkante und ist oft kaum zu sehen. In Buttenheim tritt er nicht selten auf und zeigt oft eine kreidige Schale. Die kreidige Substanz ist ein Zersetzungsprodukt einer ursprünglich vorhandenen dicken Perlmuttschicht. Die äußerste Schalenschicht, die eine feine Spiralskulptur trägt, ist in der Regel abgeplatzt.

Sisenna canalis (4.1) ist eine kleine Schlitzbandschnecke, die durch aufmerksames Absuchen abgeregneter Flächen gefunden werden kann. Es handelt sich um ein kompaktes, oft weißschaliges Schnecklein mit kräftigem Spiralornament. Das Schlitzband liegt im Bereich der zweiten und dritten Spirale (von der Spitze her) und ist meistens schwer zu erkennen. *Sisenna canalis* tritt in Buttenheim in mäßiger bis geringer Häufigkeit auf.

Aus dem Amaltheenton wurden auch einige schlitzlose Vetigastropoden beschrieben, die wohl in der Verwandtschaft der Trochoiden stehen. In Buttenheim wurden *Eucyclus elegans* und *Eucyclus escheri* nachgewiesen (4.1, 4.4). *Eucyclus elegans* ist eine relativ hoch gewundene Form mit feinem, gitterartigem Ornament. Die relativ seltene Art wird bis zu 10 mm hoch. Oft ist die Schale stark verdrückt, was darauf schließen lässt, dass sie ziemlich dünn war. *Eucyclus escheri* hat geradere Flanken und ein dichteres Ornament, bei dem die Spiralen weniger betont sind. Auch *Marloffsteinia cyclostoma* (4.1, 4.4), ursprünglich aus dem schwäbischen Amaltheenton beschrieben, gehört in diese Gruppe und tritt in Buttenheim recht selten auf. *Riselloidea periniana* wurde bislang relativ selten gefunden (4.1, 4.4B). In einer Konkretion ist sie jedoch ungewöhnlich häufig und tritt dort zusammen mit einigen anderen Muschel- und Schneckenarten auf (4.4B).

Die seltene Art *Hayamia? reticulata* (4.5C, 4.6) könnte mit ihrer eiförmigen Gestalt der Gruppe der Neritimorpha angehören oder der äußerlich ähnlichen Familie Naticidae nahestehen – die Einstufung dieser Art bedarf noch der Klärung. Heutige Naticidae leben räuberisch und bohren kleine Löcher in die Schalen anderer Mollusken. Durch dieses Loch streckt die Naticide ihren Rüssel und verspeist so ihre Opfer. Naticidae sind seit der Kreidezeit bekannt. Falls *Hayamia? reticulata* tatsächlich eine Naticidae ist, wäre sie der mögliche Täter, der die relativ tief im Sediment grabende Muschel *Eothyasira antiqua* angebohrt hat, die einzige Muschelart in Buttenheim, die regelmäßig Bohrlöcher aufweist (s. a. Werner & Karapunar; → S. 38). Dafür spräche auch, dass beide Arten in Buttenheim auf die obersten Schichten des Amaltheentons beschränkt sind. Gelege mit pyritisierten Eiern von ca. 1 mm Durchmesser führen Keupp et al. (2016) ebenfalls auf *Hayamia* zurück (6.17E, F → S. 52).

Abb. 4.5: A: Kalchreuthia frankei, eine sehr kleinwüchsige und häufige Art (Rasterelektronische Aufnahme), B: Maturifusus grimmensis, möglicherweise ein früher Vertreter der Neogastropoda, mit deutlichem Siphonalkanal (mit Ammoniumchlorid bedampft). C: Hayamia reticulata (REM-Aufnahme). Maßstab jeweils 1 mm.

Moderne Schnecken (Caenogastropoda)

Die Caenogastropoda (Neuzeitschnecken; die früheren Mesogastropoda + Neogastropoda) sind im fränkischen Amaltheenton mit einigen Arten vertreten (4.1, 4.2), darunter die sehr häufigen Arten *Kalchreuthia frankei* (4.5A) und *Levipleura blainvillei.* Auch *Francocerithium kochi* gehört zu den häufigen Arten (4.1, 4.8).

Levipleura blainvillei ist eine hochturmförmige schlanke Form mit glatter Larvalschale (die ersten vier Windungen) und Axialrippen auf den adulten Windungen. Die Rippen können auf den letzten Windungen wieder reduziert werden, so dass die Schale dort wiederum glatt ist. *Levipleura blainvillei* kann im Gelände in großer Zahl gefunden werden und ist auch in Schlämmrückständen eine der häufigsten Arten. Die größten bekannten Stücke sind ca. 14 mm hoch und 4 mm breit; meistens sind die Stücke jedoch deutlich kleiner als 1 cm. Anzahl und Stärke der Rippen variieren.

Pseudokatosira undulata ist mit etwa 10 cm Höhe die größte Schnecke des fränkischen Amaltheentons (4.7). Die Art ist selten, in Schlämmrückständen kommt sie nicht oder kaum vor. Die axial berippte Larvalschale dieser Art und der übrige ontogenetische Wandel waren Gründe, *P. undulata* aus der Gattung *Katosira* zu entfernen und in eine eigene Gattung *Pseudokatosira* zu stellen (Nützel & Gründel 2007). *Pseudokatosira undulata* ist eine turmförmige Schnecke, deren reife Windungen mit breiten welligen Axialrippen versehen sind, die von zahlreichen feinen Spirallinien gekreuzt werden (Nützel & Gründel 2007, 2015; Nützel & Hornung 2002).

Kalchreuthia frankei ist klein, glattschalig und hochturmförmig. Sie erinnert an die lebende Wattschnecke *Hydrobia* und ist vielleicht relativ nahe mit ihr verwandt (4.5A). Sie wird nur wenige Millimeter hoch und kann daher normalerweise nicht im Gelände gefunden werden. Hingegen ist sie in Schlämmrückständen überaus häufig und vermutlich die häufigste Schnecke des Amaltheentons von Buttenheim.

Das kleine *Francocerithium kochi* hat eine kompakte Form mit bauchigen Windungen und feiner Gitterskulptur. Die Art ist in der Regel etwas weniger als 1 cm hoch und gehört zu den häufigsten Schnecken, die im Gelände gefunden werden können (4.8). Auch in Schlämmrückständen kommt sie regelmäßig vor, wenn auch nicht so häufig wie *Kalchreuthia frankei, Levipleura blainvillei* und *Domerionina domeria. Cryptaulax johanni,* eine der Arten, die erstmals aus Buttenheim bekannt wurden, ähnelt *Francocerithium kochi,* ist aber schlanker und weist weniger beknotete Spiralrippen auf. Diese Buttenheimer Arten sind frühe Vertreter der Cerithioidea, die im gesamten Jura eine wichtige, vielgestaltige Gruppe bilden und unzweifelhaft nahe mit den modernen Cerithien verwandt sind, wie der lebenden Gattung *Cerithium.*

Sehr selten ist *Purpurina liassica,* ein typischer Vertreter der mesozoischen Gattung *Purpurina* (4.1). *Maturifusus grimmensis* ist durch eine spindelförmige Schale gekennzeichnet, die mit einem gitterartigen Ornament versehen ist (4.5B). Er besitzt einen ausgeprägten Siphonalkanal in der Mündung. Mit dieser Morphologie könnte *Maturifusus grimmensis* bereits den Neogastropoden angehören, die an sich erst seit der Kreidezeit bekannt sind und die sich oft räuberisch ernähren. *Maturifusus grimmensis* ist in Buttenheim nicht allzu häufig und von mäßiger Größe.

Abb. 4.6: Hayamia reticulata, verdrückt, aber mit sehr gut erhaltenem Schalenornament (mit Ammoniumchlorid bedampft), Maßstab 5 mm.

Heterobranchia mit Umkehr ihres Windungssinns

Die dritte Großgruppe der Schnecken, die im Amaltheenton reich vertreten ist, sind die Heterobranchia (Gründel & Nützel 2012, 2013). Sie zeichnen sich durch eine Umkehr des Windungssinns während der Ontogenese aus, das heißt, die Larvalschale an der Gehäusespitze ist links-, die Adultschale dagegen rechtsgewunden. Im Amaltheenton von Buttenheim sind die Heterobranchia vor allem durch die Gattungen *Cossmannina* und *Domerionina* vertreten. Sie haben meist eiförmige bis längliche Gestalt mit einander stark umfassenden Windungen. Die engsten lebenden Verwandten ernähren sich oft karnivor und wühlen häufig im Sediment. Die Schalen solcher im Amaltheenton vorkommenden Arten sind weitgehend glatt oder zeigen eine feine Spiral-

Abb.4.7: Pseudokatosira undulata aus dem Pyriterzhorizont. Maßstab 1 cm.

hildoidea sehr groß. Die *Tricarida*-Arten unterscheiden sich bezüglich der Konvexität ihrer Windungen und ihres Ornaments voneinander.

Weitere Heterobranchia, die aus Buttenheim bekannt wurden, sind die winzigen *Neodonaldina sinuata, Usedomella schroederi* und die planispirale *Schobertinella heterogyrata.* (4.2).

Die gute Erhaltung und Häufigkeit der Schnecken sowie die intensive Beprobung (häufige Aufsammlungen) machen die Tongrube Buttenheim zu einem für den deutschen Unterjura einmaligen Vorkommen. Es ist klar, dass die Schnecken im dortigen Meer ökologisch eine bedeutende Rolle gespielt haben. Die wichtigsten Faktoren waren der schlammige, weiche Meeresboden und wahrscheinlich eine instabile Versorgung mit Sauerstoff (Nützel & Kiessling 1997; Nützel 2008). Die Schneckenarten des Amaltheentons fehlen im Posidonienschiefer. Die meisten dürften dem Massenaussterben an der Pliensbachium/Toarcium-Grenze zum Opfer gefallen sein (Nützel & Schulbert 2017). So ist keine einzige der Buttenheimer Arten mehr im oberen Toarcium und unteren Aalenium der Tongrube Mistelgau vorhanden (Schulbert & Nützel 2013; Nützel & Schulbert 2017). Die Schneckenfauna des Posidonienschiefers selbst ist viel artenärmer und von *Coelodiscus minutus* dominiert, einer planktisch lebenden Schnecke (Bandel & Hemleben 1987; Teichert & Nützel 2015), die wiederum im Amaltheenton von Buttenheim fehlt.

streifung. Die Gattung *Domerionina* zeichnet sich durch eine Rampe oder einen Absatz unterhalb der Naht aus. *Domerionina domeria* ist im fränkischen Amaltheenton eine der drei häufigsten Schneckenarten. In Buttenheim und Kalchreuth ist sie in jeder Schlämmprobe in großer Zahl vorhanden. Funde im Gelände gelingen selten, da die Art kleinwüchsig ist (maximale Höhe 5 bis 6 mm). Viel seltener ist *Domerionina rara,* wie deren Name schon sagt. *Cossmannina* ist eine weitere Gattung der Heterobranchia, die im Amaltheenton mit etlichen Arten vorkommt, von denen keine besonders häufig ist (*Cossmannina franconica, C. sendelbachensis, C. abdominiformis* und *C. kalchreuthensis,* 4.2). Die Artunterschiede dieser merkmalsarmen Gruppe sind sehr subtil und betreffen vor allem Bau und Größe des Protoconchs. Nur *Cossmannina franconica* und *C. sendelbachensis* werden so groß, dass sie regelmäßig im Gelände gefunden werden können (ca. 5 bis 10 mm).

Seit kurzer Zeit wurden einige Arten der Mathildoidea aus dem Amaltheenton von Buttenheim bekannt: *Buttenheimia dietzi, Camponaxis jurassica, Tricarilda schoberti, T. recta* und *T. walteri* sowie einige weitere Arten, die nicht näher bestimmt sind (4.2) (Nützel & Gründel 2015). Diese Arten sind schlank, hochgetürmt und besitzen ein Ornament aus Spiral- und Axialrippen. Ihr Protoconch ist heterostroph. *Buttenheimia dietzi* ist mit über 6 cm Höhe für Mat-

Abb. 4.8: Francocerithium kochi, eine der häufigsten Schneckenarten im Amaltheenton von Buttenheim.

Winfried Werner & Baran Karapunar

Die Muschelfauna des Amaltheentons von Buttenheim

Neben den Foraminiferen und Schnecken bilden die Muscheln die artenreichste Fossilgruppe in der Tongrube von Buttenheim. Allein im Amaltheenton (Pliensbachium) sind sie mit 57 Arten vertreten (Karapunar et al. 2020a). Hinzu kommen weitere Arten, die im darüber folgenden Posidonienschiefer (Toarcium) vorkommen, bisher aber noch nicht eingehender erfasst wurden. Damit gehört diese Muschelfauna weltweit zu den artenreichsten, die aus der Unterjura-Zeit von einer einzigen Fundstelle bekannt sind.

Der Artenreichtum beruht in erster Linie auf den zeitweise günstigen Lebensbedingungen für Muscheln, sowohl für die im Sediment eingegraben lebenden (endobenthischen) Arten, als auch für die auf dem Meeresboden lebenden (epibenthischen) Formen. Die Vielfalt ist zusätzlich dem Eifer der Hobbysammler zu verdanken, die über Jahre hinweg die Tongrube regelmäßig absammeln und somit auch Exemplare der selteneren Arten finden konnten.

Ein großer Teil der Muschelarten des Pliensbachiums von Buttenheim ist auch aus anderen zeitgleichen Schichten Deutschlands und Europas bekannt. Dies spiegelt relativ gute Meeresverbindungen zu dieser Zeit vor allem in Mitteleuropa wider. Andererseits konnten kürzlich zwei neue Gattungen (*Eothyasira*, *Paracuspidaria*) aufgestellt werden, die bisher ausschließlich aus dem Unterjura Frankens belegt sind.

Epibenthos – das Muschelleben auf dem Meeresboden

Überregional bekannte Arten, die etwa aus Norddeutschland, England oder Frankreich beschrieben wurden, finden sich insbesondere unter den epibenthischen, auf dem Sediment lebenden, filtrierenden Arten. Hierzu zählen die Pectiniden-Arten *Pseudopecten equivalvis*, *Camptonectes subulatus* und die seltene *Agerchlamys* sp., die vor allem im Echiniden-Pectiniden-Horizont gefunden werden (5.1A, C). Alle drei genannten Arten lebten im frühen Lebensstadium mit Byssusfäden an Partikeln festgeheftet, verloren aber im Erwachsenenstadium ihre Byssusanheftung und wurden so zu Liegeformen. Insbesondere *Pseudopecten equivalvis* und wohl auch *Camptonectes subulatus* konnten wie manche rezente Pectiniden bei drohender Gefahr kurze Strecken nach dem Rückstoßprinzip schwimmen, indem sie durch rasches Öffnen und Schließen der Klappen Wasser aus der Mantelhöhle bei den Öhrchen auspressten. Hinweis für diese Fähigkeit geben während des Wachstums zunehmende Öffnungswinkel der Wirbel (Umbilikalwinkel) (vgl. Johnson 1984).

Mit *Pseudolimea acuticostata*, *P. duplicata* und *P. cristata* sowie *Antiquilima succincta* sind die Feilenmuscheln (Limidae) artenreich, aber relativ individuenarm vertreten (5.1B). Sie finden sich ebenfalls bevorzugt im Echiniden-Pectiniden-Horizont. Im Gegensatz zu den genannten Pectiniden-Arten waren diese Limiden wohl das gesamte Leben lang mit Byssusfäden am Substrat festgeheftet. Eine schwimmende Lebensweise, wie sie von manchen rezenten Vertretern der Limiden bekannt ist, konnte bisher für die jurassischen Formen noch nicht sicher belegt werden.

Im Gelände leicht erkennbar sind die beiden Oxytomiden-Arten *Oxytoma (O.) inequivalve* und *Palmoxytoma cygnipes*. Während die erstgenannte Art mit ihren zahlreichen radialen Rippen auf der linken, stärker gewölbten Klappe weltweit verbreitet war und auch in Buttenheim vor allem im Echiniden-Pectiniden-Horizont nicht selten ist (5.2), zählen Funde der Schwanenfußmuschel *Palmoxytoma cygnipes* mit den charakteristischen, meist drei bis vier markanten Radialrippen zu den eher raren Funden (5.3). Die Art wird wie die Gattung insgesamt als Bewohner kälterer, polarer Regionen interpretiert (Arp & Seppelt 2012) und ihr Vorkommen im Echiniden-Pectiniden-Horizont von Buttenheim deshalb mit einer Kaltwasserphase im fränkischen Amaltheenton-Meer in Verbindung gebracht (Schweigert 2019).

Zu den epibyssaten Filtrierern der Buttenheim-Fauna gesellt sich mit *Parainoceramya substriata*, ein früher Vertreter der Familie Inoceramidae, die erst später zur Kreidezeit ihre eigentliche Blüte erlebte. Die Art tritt in Buttenheim häufig nesterartig konzentriert auf (5.4). Bei gut erhaltenen Exemplaren lässt sich die typische multivinkulare Ligamentarea mit Ligamentgruben und -stegen studieren (5.4B). Zwei weitere inoceramide Arten (*Parainoceramya* sp. A, *Mytiloides? amygdaloides*) unterscheiden sich von der mehr subrectangularen *P. substriata* vor allem durch eine insgesamt schiefere Gesamtform. Goldfuss (1835) wies bei der Aufstellung der Art *Inoceramus amygdaloides* darauf hin, dass diese Art sehr groß sei und in Banz und Altdorf häufig vorkäme, also nach unserem stratigraphischen Verständnis heute ebenfalls in Schichten des Pliensbachiums. Weshalb diese Goldfuss-Art in Buttenheim nur selten vorkommt, während *Parainoceramya substriata* hier die dominierende Inoceramide stellt, bleibt momentan rätselhaft und dürfte mit lokal unterschiedlichen Umweltfaktoren innerhalb des Amaltheenton-Meeres Frankens zusammenhängen.

Eine der häufigsten Muscheln in Buttenheim ist der bestachelte Plicatulide *Harpax spinosus* mit konvex-konkaver Schale. Die Art besitzt im adulten Stadium auf der oberen (linken) Klappe meist schwache, gerundete radiale Rippen (5.5A), auf der unteren (rech Klappe radial angeordnete Stacheln, denen die Art auch ihren Namen verdankt (5.5B). Die Lebensweise dieser Art wurde in der Vergangenheit unterschiedlich diskutiert, nun aber mit Hilfe des Buttenheim-Materials neu interpretiert (Fürsich et al. 2020). *Harpax spinosus* veränderte demnach im Laufe des Lebens seine Lebensweise. Das jugendliche Tier war ähnlich einer Auster mit der rechten (unteren) Klappe an einen harten Gegenstand zementiert, in Buttenheim z. B. an eine Schneckenschale, eine andere Muschel (5.5D), einen Brachiopoden (5.5C), ein Ammonitenfragment (5.5E) oder an einen Artgenossen. Dabei pauste das *Harpax*-Jungtier diesen Gegenstand meist auch auf der oberen Schale ab (5.5E). Bei weiterem Wachstum wurde die Muschel durch leichte Gewichtsverlagerung zur Liegeform und auf der rechten, funktionell zu Lebzeiten unteren Klappe wuchsen radiale Stacheln. Diese Stacheln waren meist leicht gegen das Substrat nach unten geneigt. Sie dienten so der Verhinderung des Einsinkens in den schlammigen Untergrund und hielten den Mantelrand des Tieres vom schlammigen Substrat fern. Außerdem wurde mit den Stacheln die untere Schale auf dem Substrat stabilisiert (Schneeschuhstrategie). Eine der früheren Interpretationen ging davon aus, dass *Harpax spinosus* sich nach dem Jugendstadium auf dem Substrat umdrehte, mit der stärker gewölbten Seite auf dem Sediment in einer stabilen Position lag, während die bestachelte rechte Klappe fortan also nach oben zeigte und die Stacheln der Abwehr von Fressfeinden dienten (Röhl 1998).

Während *Harpax spinosus* mit seiner Lebensweise sehr gut an die weichen schlammigen Bedingungen des Buttenheim-Meeres angepasst war, taten sich echte Austern hier offensichtlich schwer. Als einzige Art ist *Liostrea hisingeri* mit nur wenigen Exemplaren und dies ausschließlich rechten, obe-

Abb. 5.1: Handstück aus dem Echiniden-Pectiniden-Horizont mit Pseudopecten (P.) equivalvis (A), Camptonectes (C.) subulatus (B), Antiquilima succincta (C).

Abb. 5.2: *Oxytoma inequivalve.*

ren Klappen in Buttenheim nachgewiesen. Dies lässt vermuten, dass das eigentliche Habitat der Austern in flacheren, weniger schlammbetonten Gebieten lag und nach dem Tod der Tiere die frei auf dem Sediment liegenden rechten Klappen bei Stürmen in die tieferen Beckenbereiche eingeschwemmt wurden.

Den schlammigen, aber nicht zu weichen Meeresboden des Amatheenton-Meeres nutzten zahlreiche weitere Arten, die mit Byssus an kleinen Partikeln festgeheftet in einer stabilen Lage entweder auf dem Substrat (epibyssat) oder im Substrat halb eingegraben (semi-infaunal) lebten. Eine häufige epibyssate Form aus der Gruppe der Parallelodontiden ist die Art *Grammatodon* (*G.*) *muensteri*, die nicht selten in „Schmetterlingspositition" erhalten ist (5.6). Nach dem Tod erschlaffen sofort die Schließmuskeln und das weiterhin aktive Ligament am Dorsalrand spreizt die Klappen auseinander. Diese Erhaltung bei den Buttenheim-Stücken weist darauf hin, dass die Muschel bald, also noch vor der Verwesung des organischen Ligaments, von Sediment zugedeckt worden ist. Eine extrem seltene und bisher nur in Franken nachgewiesene Schwesterart ist *Grammatodon* (*G.*) *geyeri*, die sich von *G. muensteri* vor allem durch einen wesentlich breiteren Wirbel und ein feines Gitterornament auf den Flanken auszeichnet. Aus der Gruppe der Parallelodontiden bevölkerten auch etliche semiinfaunal, byssate Arten den Meeresboden, wie die relativ seltenen, länglichen *Grammatodon* (*Cosmetodon*) *buckmani* und *G.* (*C.*) cf. *sinemuriensis* (5.7), sowie die fraglich zur Gattung *Catella* zu stellenden Arten *C.*? *numismalis* (5.8) und *C.*? *moenana*, ebenfalls eine für Franken endemische Art. Die beiden *Catella*?-Arten sind leicht an dem deutlichen Sulcus zu erkennen, der vom Wirbel schräg zum Ventralrand läuft. Eine weltweit verbreitete semi-infaunal byssat lebende Muschel, *Modiolus imbricatus*, darf natürlich auch in der Buttenheim-Fauna nicht fehlen (5.9). Die Seltenheit dieser Miesmuschelverwandten aus der Familie der Mytilidae lässt allerdings auf keine optimalen Bedingungen für diese normalerweise in eher flacheren Milieus häufigen Art schließen.

Auch die im Unterjura Englands erstmals beschriebene Steckmuschel *Pinna folium* zählt als Bewohner weicher, aber stabiler Substrate zum Fauneninventar (5.10). Die Art wird weltweit von Europa bis nach Nord- und Südamerika in Faunenlisten geführt, allerdings ist die innerartliche Variabilität dieser Art bezüglich Morphologie und Ornamentierung noch nicht wirklich geklärt. Auffallend an den Buttenheim-Exemplaren ist ihre relativ geringe Länge von maximal 10 cm. Dass es sich hier ausschließlich um junge Individuen handelt, ist unwahrscheinlich. Eher dürften Ökoparameter wie Substratkonsistenz und vor allem Sauerstoffmangelsituationen die Gründe für die geringe Größe sein.

Endobenthos – Muscheln, die sich vorwiegend im Meeresboden tummeln

Die Ordnungen Nuculida und Nuculanida umfassen vor allem Gattungen, die sich meist durch ein taxodontes Schloss mit mehr oder weniger langen Zahnreihen entlang des Dorsalrands, relativ kleine, oft eiförmige Schalen und durch eine grabende Lebensweise im Sediment knapp unter dem Meeresboden auszeichnen. Die meisten Arten sind Sedimentfresser („deposit feeder"). Sie nehmen mit langen fadenartigen Mundtastern Nahrungspartikel aus dem Sediment auf, die sie anschließend dem Mund zuführen. Häufigste Vertreter dieser Gruppe in Buttenheim sind die Arten *Palaeoneilo muensteri* (5.11A), *Palaeoneilo galatea* (5.11B) und *Rollieria goldfussi* (5.11C). *Ryderia doris* mit einem extrem lang ausgezogenen, schnabelartigen hinteren Schalenteil, welches die für die Aufnahme von Atemwasser notwendigen Siphonen beherbergt, findet sich ebenfalls häufig (5.12). Allerdings zählen aufgrund der zerbrechlichen Schalen Funde kompletter Exemplare in Buttenheim zu den echten Raritäten. Neben einigen selteneren Arten (z.B. *Dacryomya gaveyi*, *Palaeonucula hammeri*), die aus anderen Regionen Europas häufiger zitiert werden, gehören in diese Gruppe auch *Nucinella* cf. *liasina* und *Solemya* sp. (5.13). Beide sind in Buttenheim extrem selten und uns nur mit wenigen Einzelstücken (*Nucinella*) bzw. einem Einzelexemplar (*Solemya*) bekannt. Beide Arten spielen allerdings für die paläoökologische Gesamtinterpretation eine große Rolle. Die rezenten Vertreter beider Gattungen gelten als flachgrabende Sedimentfresser mit der Fähigkeit, über Chemosymbiose mit Bakterien in ihren Kiemen auch in sauerstoffarmen Milieus überleben zu können. Nachdem vor allem *Solemya* als sehr konservativ gilt, also ihre Form und Lebensweise über eine sehr lange geologische Zeit bis heute beibehalten hat, darf man davon ausgehen, dass die Anpassung

Abb. 5.3: Die Schwanenfussmuschel Palmoxytoma cygnipes ist als typischer Bewohner polarer Gebiete ein seltener Gast in süddeutschen Amaltheenton-Meer und weist auf Einfluss aus kälteren Gebieten hin.

an sauerstoffarme Bereiche im Meeresboden auch für die Art in Buttenheim gilt, zumal *Solemya* auch aus dem Schwarzschiefer des Posidonienschiefers bekannt ist.

Ebenfalls für eine chemosymbiotische Lebensweise sind zahlreiche Vertreter aus der Ordnung der Lucinida innerhalb der Unterklasse Heterodonta bekannt. Die Fauna von Buttenheim ist hier mit den drei Arten, *Eothyasira antiqua*, *Luciniola pumila* und *Sphaeriola subglobosa* (5.14), individuenreich vertreten. Eine besondere Stellung innerhalb der Buttenheim-Muscheln kommt *Eothyasira antiqua* zu (5.15). Die Art besitzt typische Merkmale von thyasiriden Muscheln, u.a. die subtriangulare bis subtrapezoidale Form, einen schwachen, vom Wirbel nach hinten entlang des Dorsalrandes verlaufenden Sulcus und einen Schlossbereich ohne Zähne mit Ausnahme eines Tuberkels unter dem Wirbel der rechten Klappe. Die internen Klappenmerkmale sind allerdings in Buttenheim nur selten zu sehen, da hier meistens doppelklappige Exemplare vorliegen. Münster (in Goldfuss 1841) hatte die Art *antiqua*, damals unter der Gattung *Venus*, aus der historischen Fundstelle Creez bei Bayreuth erstmals beschrieben. Anhand des Buttenheim-Materials sowie des Originalmaterials von Münster und Kuhn (1936) aus Altdorf konnte kürzlich die Zugehörigkeit zur Familie der Thyasiridae erkannt und die stratigraphische Reichweite dieser Familie um ca. 45 Millionen Jahre bis in den Unterjura zurückverlegt werden. Dieses frühe Auftreten interessierte bereits Kollegen, die Datierungen für molekulargenetische Stammbäume suchen. Wie andere chemosymbiotische Muscheln besitzen Thyasiridae in den Kiemen Bakterien, die für die Oxidation und damit Entgiftung von Schwefelwasserstoff (H_2S) sorgen und die Vorkommen der entsprechenden Muscheln in cold seep-Gemeinschaften und sauerstoffreduzierten Milieus ermöglichen. Merkwürdigerweise ist die vergleichsweise tief im Sediment grabende *Eothyasira antiqua* auch die einzige Muschelart in Buttenheim, die regelmäßig Bohrlöcher aufweist (5.15). Sie wurde also zu Lebzeiten von einem Räuber attackiert, der über das Bohrloch das Muschelfleisch verspeiste. Dies spricht für einen eng eingenischten und spezialisierten, ebenfalls im Sediment lebenden (infaunalen) Täter (Karapunar et al. 2020b). Die Bohrlöcher sind in Form und Größe nahezu identisch mit Bohrlöchern, die in der jüngeren Erdgeschichte von Raubschnecken der Familie Naticidae erzeugt werden. Allerdings existierten im frühen Jura die Naticidae und auch die Muricidae, die beide heute in warmen Meeren die häufigsten Raubschnecken sind, noch nicht. Die Frage nach dem Verursacher der Schalenanbohrungen in *Eothyasira* bleibt deshalb noch ungeklärt. Da die Bohrlochdurchmesser von rezenten Bohrschnecken mit der Größe der Schnecken korrelieren, wird als Erzeuger der Bohrlöcher in *Eothyasira* die in Buttenheim belegte Schnecke *Hayamia* vermutet (→ S. 32).

Abb. 5.4: Die inoceramide Parainoceramya substriata tritt in Buttenheim häufig in Nestern auf. A: linke Klappe von außen. B: das typische multivinkulare Ligament mit unterschiedlich großen Stegen und Gruben ist nur bei guter Erhaltung der Schale sichtbar.

Unter den Heterodonta, meist flach grabende Filtrierer, verdient *Tutcheria submulticostata* aufgrund ihrer Häufigkeit Erwähnung (5.16). Allerdings scheint die Art weitgehend auf den obersten Bereich der Buttenheim-Abfolge beschränkt zu sein. Dies zeigt, dass der relativ homogen erscheinende Amaltheenton keineswegs durchgehend gleichmäßige Lebensbedingungen aufwies.

Als weitere charakteristische Art für Buttenheim kann *Myoconcha francojurensis* gelten, die wie etliche andere Arten von Oskar Kuhn (1935) aufgestellt und bisher nur im Pliensbachium Frankens nachgewiesen wurde (5.17). Trotz ihrer *Mytilus* oder *Modiolus* zum Verwechseln ähnlichen Form ist die Art bereits im Gelände rasch an den vier bis sechs, vom Wirbel zum Hinterende verlaufenden Radialrippen und den senkrecht dazu dicht liegenden Querrippen zu erkennen. Anhand des etwas komplizierten Schlosses, der Ligamentausbildung und der Lage der Muskeleindrücke, die alle in seltenen Fällen auch am Buttenheim-Material sichtbar sind, wird die Gattung *Myoconcha* derzeit in die Familie der Kalenteridae innerhalb der Heterodonta gestellt.

Mit *Neocrassina gueuxii* und vier unterscheidbaren *Nicaniella*-Arten sind die Astartiden artenreich vorhanden, allerdings erreichen nur die im fränkischen Amaltheenton endemischen Arten *Nicaniella rakoveci* und *Nicaniella schoberti* individuenmäßig größere Bedeutung. Beide Arten sind relativ kleinwüchsig: *Nicaniella rakoveci* erreicht Längen von maximal 7 mm, *Nicaniella schoberti* gar nur 2 mm (5.18). Die beiden Arten unterscheiden sich in der Ornamentierung. *Nicaniella rakoveci* besitzt konzentrische Rippen, während die Schalenoberfläche von *Nicaniella schoberti* glatt ist. Eine Besonderheit ist beiden Arten gemeinsam: ein Teil der Schalen weist besonders im adulten Stadium Krenulierungen am Ventralinnenrand auf, während der andere Teil und hier vorwiegend die jüngeren Wachstumsstadien einen glatten Ventralinnenrand besitzen. Dieses Phänomen wird in Analogie zu rezenten und fossilen Beispielen bei den Astartiden als Sexualdimorphismus, genauer als „prodandrischer Hermaphrotismus" interpretiert (Karapunar et al. 2020a; eingereicht). Männliche Hermaphroditen (mit glattem Schalenrand) wechseln dabei im Laufe des Lebens zum weiblichen Geschlecht, wobei die Krenulierungen am Ventralrand entstehen. Muscheln sind insgesamt sehr variabel, was Geschlechtertrennung, Hermaphrodismus und Wechsel des Geschlechts im Laufe des Lebens betrifft. Dass sich dies in der Muschelschale in Form eines Sexualdimorphismus äußert, ist allerdings extrem selten und bisher nur von sehr wenigen Muschelgruppen bekannt. Der Sexuladimorphismus bei den beiden *Nicaniella*-Arten von Buttenheim ist der bislang älteste Nachweis für Sexualdimorphismus bei Muscheln in der Erdgeschichte.

In der Ordnung der Pholadomyida (früher auch Anomalodesmata genannt) werden rundlich bis eiförmige Filtrierer vereint, die sich meist durch ein Schloss ohne Zähne, eine sinupalliate Mantellinie (aufgrund der langen, nicht vollständig in die Schale zurückziehbaren Siphonen) und eine meist tief im Sediment grabende Lebensweise auszeichnen. Typische Vertreter sind die im Jura weit verbreiteten und auch bei Sammlern bekannten Gattungen *Pleuromya*, *Gresslya* oder *Pholadomya*. Hinzu kommen *Goniomya* mit der v-förmigen Ornamentierung und *Pachymya* oder die als Ausnahme hier flach grabende Gattung *Mactromya*. All diese Gattungen sind auch in Buttenheim präsent, allerdings mit jeweils relativ geringen Individuenzahlen (5.19A–C, 5.20). *Pholadomya* mit der Art *P. ambigua* ist trotz jahrelanger Sammeltätigkeit nach derzeitiger Kenntnis nur mit zwei Exemplaren belegt. Der Grund für diese Armut an tief grabenden Formen liegt sicher weniger in der Konsistenz des Schlamms im Buttenheim-Meer. Die genannten Gat-

Lesen Sie bitte weiter nach den Bildtafeln auf S. 44

Abb. 5.5: Die häufigste Art von Buttenheim, Harpax spinosus, besitzt im Adultstadium auf der oberen (linken) Klappe meist gerundete radiale Rippen (A), auf der rechten (unteren) Klappe radial angeordnete Stacheln (B); Jugendstadien der unteren (rechten) Klappe sind in Buttenheim zementiert auf Fragmenten u. a. von Brachiopoden (C), Muscheln (D, Palaeoneilo muensteri) und Ammoniten (E) zu finden, wobei die Form des Substrats in die obere (Linke) Klappe durchpausen kann (F, obere Klappe zu E). Im Adultstadium lagen die Schalen mit der funktionell unteren (rechten) Klappe frei auf dem Meeresboden, gestützt und stabilisiert durch die radialen Stacheln.

Abb. 5.6: *Grammatodon muensteri* in „Schmetterlingsstellung".

Abb. 5.7: *Grammatodon (Cosmetodon) sinemuriensis*, eine der in Buttenheim sehr seltenen länglichen Vertreter der Untergattung *Cosmetodon*.

Abb. 5. 9: *Modiolus imbricatus*, häufig in den Flachmeeren des Mittel- und Oberjuras, eher seltener Gast im Amaltheenton-Meer von Buttenheim.

Abb. 5.8: *Catella? numismalis*, A: von außen, B: Innenseite mit Schloss. Die Form, der Sulcus von Wirbel zum Ventralrand sowie die Anordnung der Schlosszähne sprechen am ehesten für die Gattung *Catella*. Allerdings sind viele Gattungen innerhalb der Parallelodontiden, darunter *Catella*, schlecht definiert.

Abb. 5.10: Die Steckmuschel *Pinna folium* ist relativ kleinwüchsig in Buttenheim vertreten. Länge 5,4 cm.

Abb. 5.11: Zu den häufigsten Muscheln in Buttenheim zählen die infaunalen, Sediment-fressenden Vertreter der Nuculanida: Palaeoneilo muensteri (A), Paleoneilo galatea (B), Rollieira goldfussi (C). Palaeoneilo galatea unterscheidet sich von P. muensteri insbesondere in der mehr subrectangularen Form und dem abgestutzten Hinterende.

Abb. 5.12: Ryderia doris ist eine charakteristische Muschel der Buttenheim-Fauna; wegen der fragilen Schale ist sie nur selten komplett zu bergen. Im „Schnabel" mit der teilweise abgeplatzten Schale sind die Abdrücke der Siphonen sichtbar.

Abb. 5.13: Solemya sp.; das bisher einzige Exemplar dieser chemosymbiotischen, an Sauerstoffmangelsituationen angepassten Muschel in Buttenheim. Höhe 5,5 cm.

Abb. 5.14: Sphaeriola subglobosa, eine flach grabende Lucinide mit chemosymbiotischer Lebensweise, in Schmetterlingsposition.

Abb. 5.15: Eothyasira antiqua, der früheste Vertreter der chemosymbiotisch lebenden Familie Thyasiridae; Blick auf linke Klappe mit zwei Bohrlöchern, die wahrscheinlich von einer räuberischen Schnecke (?Hayamia) stammen.

Abb. 5.16: Tutcheria submulticostata; linke Klappe, A: von außen, B: von innen.

Abb. 5.17: Myoconcha francojurensis, eine im Unterjura Frankens endemische Art mit der charakteristischen Ornamentierung aus wenigen radialen Rippen und dazwischen liegenden kleinen Querrippen.

Abb. 5.18: Die Astartide Nicaniella schoberti ist die kleinste Muschel der Buttenheim-Fauna mit einer maximalen Größe von 2 mm. Sie weist wie die Schwester-Art Nicaniella rakoveci einen Sexualdimorphismus auf. Das Exemplar mit glatten Ventralinnenrand (A, B) wird als männliches Individuum interpretiert, das Exemplar mit krenuliertem Ventralinnenrand (C, D) als Individuum, das im Laufe des Lebens einen Geschlechtswechsel von männlich zu weiblich vollzogen hat.

Abb. 5.19: Tief grabende Muscheln aus der Gruppe der Pholadomyida (= Anomalodesmata) sind seltene Gäste im Amaltheenton von Buttenheim, wahrscheinlich aufgrund der oft dysoxischen Bedingungen im Sediment. A: Pachymya (Arcomya) arcacea; B: Gresslya intermedia. C: Pholadomya ambigua.

Abb. 5.20: Mactromya cardioideum ist im Gegensatz zu den meisten anderen Pholadomyida eine flach grabende Muschel.

Abb. 5.21: Paracuspidaria goldfussiana. Zusammen mit ihrer ebenfalls in Buttenheim vorkommenden Schwesterart P. walteri ist sie der älteste Vertreter der microcarnivor lebenden Familie Cuspidariidae. Blick auf die rechte Klappe.

tungen sind für ihre diesbezügliche Toleranz gegenüber verschiedenen Substrattypen von rein tonigen bis zu ooidreichen Meeresböden im Jura bekannt; auch im Amaltheenton Norddeutschlands sind *Pleuromya* und *Gresslya* durchaus häufig (vgl. Aberhan et al. 2011). Vielmehr dürften die zeitweise sauerstoffarmen, dysoxischen Bedingungen im Meeresboden diesen Filtrierern wenig Möglichkeit zur Entfaltung gegeben haben.

Eine selten im Fossilbericht zu findende Muschelgruppe sind die Septibranchia, zu denen heute Gattungen wie z. B. *Cuspidaria* oder *Poromya* zählen, die beide im Sediment eingegraben leben. Bei diesen Muscheln trennt ein löchriges muskulöses Septum die Mantelhöhle und eröffnet den Muscheln die Möglichkeit, durch rasche Kontraktionen Wasser und damit Beute wie Kleinkrebschen vom Meeresboden einzusaugen und dem Mund zuzuführen. Diese microcarnivore Lebensweise ist innerhalb der Muscheln einmalig. Arten mit cuspidariider Form, d. h. rundlichem Zentralkörper und ausgezogenem hinteren Abschnitt, finden sich zwar durchaus häufig in jurassischen Sedimenten, gehören aber meist zu anderen Muschelgruppen. In Buttenheim konnte vor allem anhand spezieller Anordnung und Zahl der Muskeleindrücke an Steinkernexemplaren die Zugehörigkeit zu den Cuspidariidae belegt und damit der älteste Nachweis für diese microcarnivore Gruppe geliefert werden. Die neue Gattung *Paracuspidaria* ist in Buttenheim gleich mit zwei kleinwüchsigen Arten vertreten: *P. goldfussiana* (5.21) und *P. walteri*, die Oskar Kuhn von der historischen Lokalität am Sendelbach bei Bamberg erstmals beschrieben hat (Kuhn 1935). *Paracuspidaria walteri* besitzt im Unterschied zur erstgenannten Art deutliche commarginale Rippen. Auch diese beiden Arten sind bisher ausschließlich im Amaltheenton Frankens belegt und stellen eine der vielen Besonderheiten der Buttenheimer Muschelfauna dar.

Resümee

Die 57 Muschelarten des Amaltheentons von Buttenheim stellen weltweit einen enormen Artenreichtum innerhalb einer Unterjura-Lokalität dar. Der kürzlich veröffentlichten Studie (Karapunar et al. 2020) standen ca. 7.000 Exemplare zur Verfügung, die überwiegend von Hobbysammlern über Jahre hinweg zusammengetragen wurden. Diese Kollektion, aufbewahrt in der Bayerischen Staatssammlung für Paläontologie und Geologie in München, repräsentiert eine Summe von etlichen ehemaligen Fossilgemeinschaften, d.h. nicht alle Arten kommen heute zusammen in jedem beliebigen Horizont vor. Wie bereits erwähnt, treten manche Arten in bestimmten Profilabschnitten bevorzugt auf. Detailstudien an 20 cm dicken Abschnitten bestätigten ebenfalls, dass die Artenverteilung und Individuenhäufigkeit der einzelnen Arten im äußerlich homogen erscheinenden Amaltheenton stark schwanken können.

Häufigste Muschel ist mit *Harpax spinosus* eine epifaunale Art. Allerdings muss hier berücksichtigt werden, dass diese Art aufgrund ihrer calcitischen Schale besser erhaltungsfähig ist und auch häufiger gesammelt wird als dünnschalige, schlecht zu bergende Arten. Insgesamt dominieren mit über 50 % die flach im Sediment grabenden Formen. Epibyssate Formen (z. B. Pectiniden, Oxytomiden und Limiden) nehmen nur etwa 20 % der Individuen ein. Die Konzentration dieser Gruppen auf spezielle Profilabschnitte wie den Echiniden-Pectiniden-Horizont spiegelt ihre Abhängigkeit von gelegentlichen Sturmereignissen oder stärkerer Wasserbewegung wider, die für die Anreicherung von Fragmenten sorgen, was für die Ansiedlung der Larven und die Verankerung mit Byssusfäden wichtig ist. Interessanterweise sind nahezu sämtliche Arten der Buttenheim-Muscheln kleinwüchsiger als ihre Artgenossen aus anderen Regionen. Dies gilt sowohl für die infaunalen als auch für die epifaunalen Formen. Dieses Phänomen kennt man auch aus anderen erdgeschichtlichen Zeiten. Es stellt in diesem Fall eine Anpassung an relativ weiche Substratbedingungen dar. Auffallend ist die generelle Individuenarmut bei den tief grabenden Taxa der Pholadomyida (z. B. *Pholadomya*, *Pleuromya*, *Gresslya*), was sicherlich weniger mit der Substratkonsistenz als mit sauerstoffarmen Phasen im oberen Sedimentbereich korreliert. Diese Interpretation wird durch die Häufigkeit von chemosymbiotischen Taxa der Lucinida, dem Vorkommen von *Solemya* und vor allem *Eothyasira* aus der Familie der Thyasiridae untermauert, deren heutige Verwandte allesamt an dysoxische Bedingungen angepasst sind. Manche Arten sind ausschließlich aus Buttenheim bzw. Franken bekannt. Die Muschelfauna von Buttenheim spiegelt somit nicht nur die generellen Lebensbedingungen am Meeresboden des fränkischen Amaltheenton-Meeres wider, sondern belegt auch spezielle lokale und regionale Umweltsituationen.

Abbildungen: (Fotografen: B. Karapunar, A. Nützel, M. Schellenberger, W. Werner)

Helmut Keupp

Kopffüßer dominierten das Nekton

Cephalopoden sind typische Repräsentanten des frei in der Wassersäule beweglichen Nektons und aufgrund ihrer weitgehenden Substratunabhängigkeit großräumiger regional verbreitet. Ammoniten stellen mit Abstand die häufigsten und unter Sammlern zugleich die begehrtesten makroskopischen Fossilien des Amaltheentons der Tongrube südlich Buttenheim.

Ihre ausgezeichnete Erhaltung liefert interessante Informationen zu ihrer Paläobiologie. Dort dominieren die für die subboreale Klimazone jener Zeit charakteristischen Vertreter der Amaltheiden, während andere Ammoniten, wie etwa Phylloceraten, nur sehr selten als episodische Gäste zu finden sind. Auch Nautiliden haben sich vereinzelt nach Buttenheim verirrt. Aus der Gruppe der Coleoideen, die ihr Gehäuse ins Innere des Körpers verlagert haben, gehören Belemniten im gesamten Profil zum regelmäßigen Inventar.

Ammoniten und Nautiliden

Die in ihrem stratigraphischen Vorkommen auf das Ober-Pliensbachium beschränkte Ammoniten-Familie der Amaltheidae ist – von einzelnen Ausnahmen mit reduzierter Merkmalsausbildung abgesehen – durch einfache, mehr oder weniger sichelförmig geschwungene Rippen und vor allem einen markanten Zopfkiel auf der ventralen Außenseite des Gehäuses, der die Gehäusemündung als schmaler Fortsatz überragt, leicht zu erkennen. Im Verlauf ihrer relativ kurzen, rund 4,8 Mill. Jahre andauernden stammesgeschichtlichen Entwicklung differenzierte sich eine Fülle von Gehäuse-Typen, die sich in ihrer Gesamtgestalt und -größe, der Nabelweite, dem Windungsquerschnitt und der Skulptur unterscheiden. Vielfach sind einzelne Merkmalskomplexe auf unterschiedliche Weise miteinander kombiniert. Jeder, der schon einmal ernsthaft versuchte, der Formenvielfalt durch ein starres System von klar zueinander abgegrenzten morphologischen Arten Herr zu werden (z. B. Frebold 1922, Frentzen 1937, Howarth 1958, Jordan 1960, Mattei 1985, Meister 1988, Simonsen 2012b), kann die treffende Sentenz des Evolutionsbiologen Gerd von Wahlert (1972) „Typologie ist der Versuch, einen Pudding an die Wand zu nageln" nachempfinden. Ein Sortieren nach „Arten" aufgrund jeweils konsequenter Merkmalsausbildungen scheint immer wieder in die Sackgasse zu führen. Warum ist das so?

Die Gehäuse-Entwicklung der Amaltheiden unterliegt einer ausgeprägten Allometrie, das heißt, dass die Gehäuse im Verlauf ihres individuellen Wachstums (= Ontogenese) unterschiedliche Proportionen und Skulptur-Ausbildungen entwickeln. Frentzen (1937) hat versucht, den meistens sechs nacheinander auftretenden Wachstumsphasen (= Stadien) charakterisierende Namen zu geben. Während in der Regel die ersten Stadien stufenweise die sukzessive Etablierung der Skulptur und den Übergang von einer kugeligen Gehäuseform der Paralarve zu den planulaten bis scheibenförmigen Gehäusen der ausgewachsenen Ammoniten bewerkstelligen, differenzieren sich in den späteren Stadien die charakteristischen Merkmale. Ausgangsform der morphologischen Vielfalt der Buttenheimer Amaltheiden ist *Amaltheus margaritatus* Montf., der vor allem im unteren Profil-Abschnitt (Pyriterzbank) bis zu 60 cm Durchmesser erreichen kann, wie ein flach gedrücktes Exemplar in der Sammlung J. Schobert, Hirschaid, belegt.

Die stammesgeschichtliche (phylogenetische) Entwicklung der Amaltheiden ist, wie bei vielen anderen Ammoniten-Gruppen, durch Heterochronie charakterisiert, das heißt, dass bestimmte Merkmale bzw. ontogenetische Stadien in die juvenilen Lebensabschnitte vorverlagert (= Peramorphose) bzw. ursprüngliche Merkmale in die fortgeschritteneren Entwicklungsphasen transferiert werden (= Pädomorphose). Ein Spezialfall der Pädomorphose ist die so genannte Neotenie, bei der die Geschlechtsreife bereits in einem juvenilen Entwicklungsstadium erreicht und dadurch die Ausbildung adulter Merkmale unterdrückt wird. Es resultieren oft merkmalsarme Zwergformen. Unter den Amphibien ist der Axolotl wohl das bekannteste Neotonie-Beispiel, ein Molch, der zeitlebens im Kiemenstadium verweilt. Bei den Amaltheiden kann das glattschalige, meistens 1–2 cm große *Amauroceras ferrugineum* als neotene Form angesehen werden. Die Engstellung der letzten Lobenlinien vor der Wohnkammer belegen ihren ausgewachsenen Status, da eine solche Lobendrängung auf einen Wachstumsstopp hinweist, der durch die einsetzende Geschlechtsreife ausgelöst wurde (6.1). Die sukzessive Größenzunahme der Individuen innerhalb von Entwicklungsreihen nennt man Akzeleration. Sie tritt sowohl in peramorphen als auch in pädomorphen Reihen auf.

Versucht man die in Buttenheim vorkommenden Morphotypen ihrer stratigraphischen Position entsprechend den beschriebenen Arten zuzuordnen, lässt sich ein Stammbaum entwickeln, der im Wesentlichen drei Haupttrends widerspiegelt (6.2),
1. die Reihe mit skulptierten Innenwindungen, die ausgehend von *Amaltheus margaritatus* über *Pleuroceras solare* zu *Pleuroceras spinatum* führt,
2. die Reihe des *Amaltheus margaritatus* mit seinen Derivaten *A. gibbosus* und *A. salebrosus*,
3. die Entwicklungsreihe mit glatten Innenwindungen, die ausgehend von *A. wertheri* (nicht aus Buttenheim, aber dem aufgelassenen Abbau von Marloffstein bei Erlangen bekannt) durch Netonie zu *Amauroceras ferrugineum* bzw. über *Amaltheus laevigatus* durch Akzeleration zu *Pseudamaltheus engelhardti* führt.

Der bis zu 7 cm große *Amaltheus gibbosus* (Schlotheim), der im unteren Profilabschnitt von Buttenheim vorkommt, ist wie die berippten Innenwindungen des Typus-Exemplares von Hildesheim belegen (vgl. Howarth 1958; Bardin et al. 2013), ein Derivat des *A. margaritatus*, das in seinem subadulten Stadium lange und kräftige Dornen ausbildet. Ab der Apyrenum-Subzone treten ganz ähnlich bedornte, auch meist nur wenige Zentimeter große Gehäuse auf, die neben einem deutlich abgesetzten und schwach krenulierten Kiel jedoch glatte Innenwindungen aufweisen. Sie wurden meistens zu *A. gibbosus* gestellt (vergl. z. B.: Lentz 2009: Taf.2/1). Die skulpturlosen Innenwindungen zeigen aber, dass hier eine der dem *A. margaritatus* parallele Entwicklung innerhalb der *Amaltheus wertheri*-Reihe vorzuliegen scheint. Beide Formen sind also unabhängig voneinander (= konvergent) entstanden und dürfen deshalb nicht derselben Art zugewiesen werden. Wir nennen die Form mit glatten Innenwendungen deshalb hier *Amaltheus* aff. *gibbosus* (Schlotheim). Eine ähnliche Parallelentwicklung liegt der Gattung *Pleuroceras* Hyatt zugrunde. Sie ist definiert durch weitnabelige Gehäuse, kräftige, oft mit Dornen versehene Rippen und eine abgeflachte Ventralseite, auf welcher der Zopfkiel aufsitzt bzw. durch ihn begleitende Furchen eingesenkt ist. Dieser Definition entsprechen die aus einer kontinuierlichen Entwicklungsreihe hervorgehenden Vertreter *Pleuroceras transiens* (Frentzen), *P. solare* (Phillips), *P. apyrenum* (Buckman) und *P. spinatum* (Bruguière). Aber auch *„Pleuroceras" salebrosum* (Hyatt) erfüllt die Definition der Gattung *Pleuroceras*. Jordan (1960) belegte an norddeutschem Material nachvollziehbar, dass sich *Amaltheus salebrosus* direkt aus dem Formenkreis des *Amaltheus gibbosus* ableitet. Stellt man diese konvergent entwickelte Art, wie es Howarth (1958) vorschlug, zu *Pleuroceras*, enthielte diese Gattung Arten unterschiedlicher stammesgeschichtlicher Wurzeln, wäre also diphyletisch (6.3).

Neben den Amaltheiden (6.4, 6.5), die in den kühleren Meeren des Ober-Pliensbachiums auf der nördlichen Hemisphäre weit verbreitet waren, finden sich als seltene Gäste aus dem südlich gelegenen wärmeren Tethys-Ozean auch Vertreter von Phylloceraten und Nautiliden (Keupp & Schweigert 2017; 6.6) Ihr vorübergehendes Einwandern wurde jeweils zu Zeiten relati-

Abb. 6.1: Der Steinkern dieses nur 18 mm großen Amauroceras ferrugineum zeigt durch die ausgeprägte Drängung der letzten Lobenlinien vor der Wohnkammer, dass es sich trotz seiner geringen Größe um ein ausgewachsenes Individuum handelt.

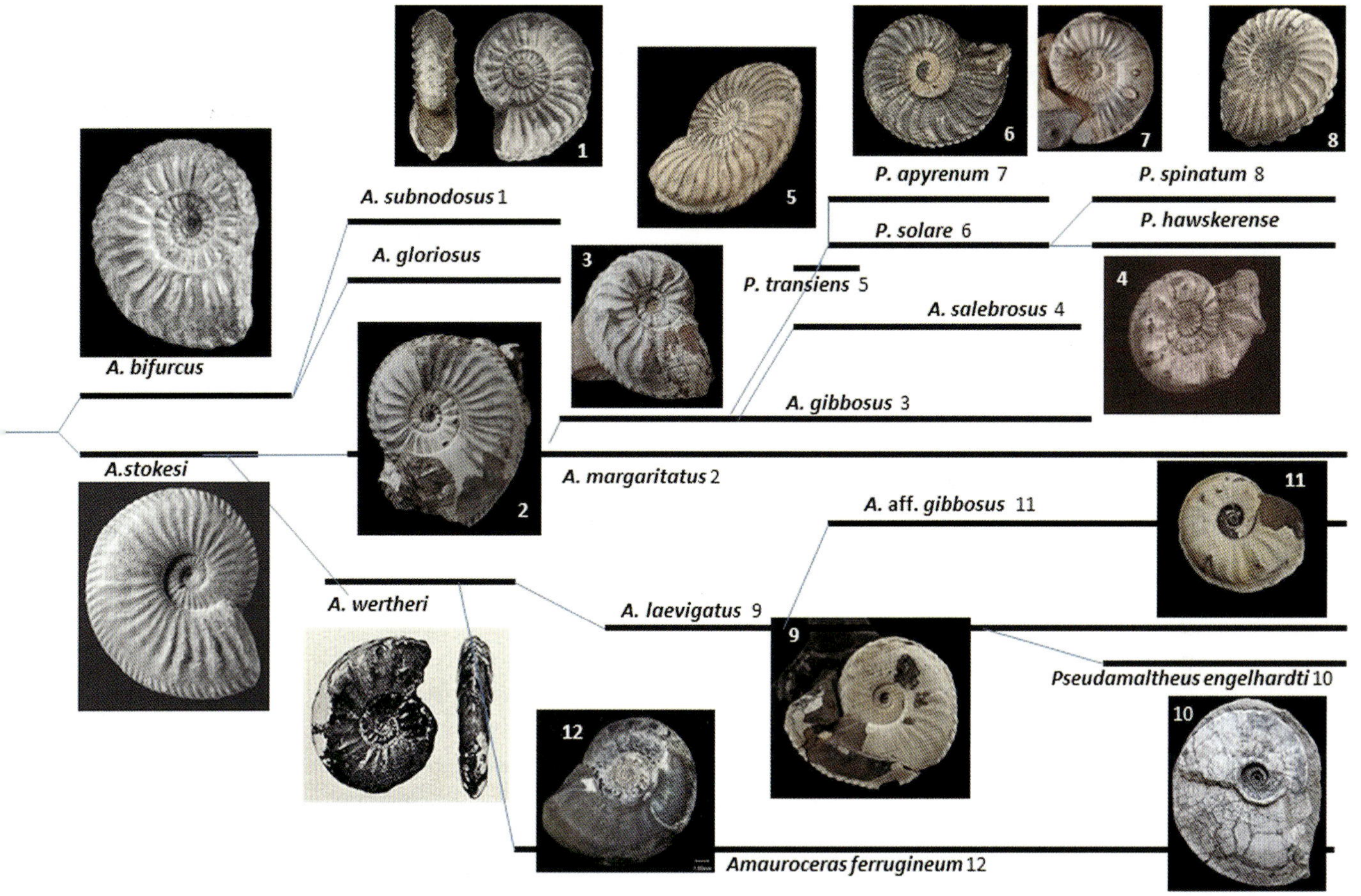

Margaritatus-Zone			Spinatum-Zone	
Stokesi-SZ	Subnodosus-SZ	Gibbosus-SZ	Apyrenum-SZ	Hawskerense-SZ

Abb. 6.2: Mutmaßlicher Stammbaum der Amaltheiden aus der Tongrube südlich Buttenheim (1-12). (Vorlage für A. wertheri aus Howarth 1958, die frühen Ausgangsformen der Stokesi-Subzone (A. stokesi, A. bifurcus) stammen aus Haverlahwiese bei Salzgitter). Die Darstellung der Entwicklungslinien zeigt zwei taxonomische Probleme auf, das Amaltheus gibbosus-Problem und das „Pleuroceras-Dilemma".

ver Meeresspiegel-Hochstände begünstigt. Im Profil werden diese Phasen durch deutliche Fossilanreicherungen markiert (Hauptfossil-Horizonte der Apyrenum-Subzone und das Massenlager mit *Pleuroceras spinatum*), da durch die Rückverlagerung der Küstenlinie die Sedimentzufuhr verlangsamt und der Fossilgehalt relativ angereichert wurde. Für die meist unter 1 cm großen Gehäuse, die bereits Quenstedt (1885) als „*Ammonites tortisulcoides*" aus dem süddeutschen Amaltheenton beschrieben hatte, erkannte Schweigert (2005), dass es sich wohl um juvenile *Meneghiniceras eximium* handelt. Ein weiterer Phyllocerat ist der bis 45 mm messende *Juraphyllites mimatensis*. Johann Schobert, Hirschaid, gelang in den Jahren 2016 und 2017 auch der Fund von Resten zweier jeweils über 20 cm großer Nautiliden (*Metacenoceras* sp.) (6.6).

Besondere Phänomen der Ammoniten-Fauna

Besondere Aufmerksamkeit gebührt der exzellenten Fossilerhaltung der Ammonitenfauna. Die auffällig weißen Schalen lassen unter dem Rasterelektronenmikroskop ihre ursprüngliche Feinstruktur aus ca. 0,1 µm dünnen Aragonit-Plättchen erkennen (6.7A, B). Vereinzelt zeigen sie auch das typische Farbspiel des Perlmutts, da die dünnen Plättchen das auffallende Licht in ihre Spektralfarben zerlegen (6.7C). Primäre Fehlstellen in der Schale, wie sie gerne im Zusammenhang mit regenerierten Schalenverletzungen auftreten, ermöglichten die Bildung von calcitischen Sphärolith-Sektoren (Hoffmann et al. 2019). Da die so genannten Conellen gegenüber den Aragonit-Schalen lösungsresistenter sind, werden sie durch die Verwitterung freigelegt und sitzen dem Steinkern auf (6.8A). Sie geben manchem aufmerksamen Beobachter oft Rätsel auf und werden gerne als Aufwuchs von Seepocken ober ähnlichem fehlinterpretiert.

Ammoniten legten zur besseren Haftung des Weichkörpers im dorsalen Mündungsbereich auf der Außenfläche der vorhergehenden Gehäusewindung die so genannte „Runzelschicht“ an. Ihr feines Relief erinnert an einen Fingerabdruck (Keupp 2000; Radtke & Keupp 2017). Diese organische, teilweise mineralisierte Schicht wurde beim Weiterbau des Gehäuses im Überlappungsbereich der Gehäusewindungen überbaut und bei günstigen Erhaltungsbedingungen konserviert (6.8B).

Bei den Amaltheiden der Apyrenum-Subzone ist oft auf der Außenseite der Schale die ursprüngliche Konfiguration des Farbmusters in Form von gepunkteten Spiralstreifen überliefert (6.9). Die Nachzeichnung des ursprünglichen Farbmusters wird durch den Ersatz der organischen Pigmente (Melanin) durch Pyrit (FeS_2) ermöglicht (6.10). Beim Abbau der organischen Substanz scheinen endolithische Pilze eine wesentliche Rolle gespielt zu haben. Entsprechend erkennt man bei höherer Vergrößerung die netzartig sich von den ursprünglichen Pigmentzentren ausbreitenden Geflechte der pyritisierten Hyphen (6.10A–D). Wittern die Pyrit-Aggregate aus, bleiben napfförmige Vertiefungen zurück (6.10E).

Steinkerne der Ammoniten zeigen ein differenziertes Spektrum von Erscheinungsformen. Insbesondere der gekammerte Gehäuse-Abschnitt (Phragmokon) ist häufig pyritisiert oder calcitisiert (6.11), während die Wohnkammern in der Regel mit Sediment verfüllt oder oft durch den Setzungsdruck kollabiert sind. Bei der Pyritisierung begünstigten die dünnen organischen Auskleidungen der Kammer-Innenwände (Pelliculae) während der frühen Fossildiagenese das notwendige, sauerstofffreie Fäulnis-Milieu. Gehäuse, die vor der Setzung des Sediments in karbonatische Konkretionen (= Geoden) eingeschlossen wurden, waren trotz zunehmendem Sedimentdruck vor dem Kollaps geschützt. In ihren ursprünglich wassergefüllten Kammern konnte im späteren Verlauf der Fossildiagenese Calcit auskristallisieren, der teils glasklar, teils durch Fe-Oxide braun gefärbt erscheint und die Lobenlinien eindrucksvoll präsentiert.

Die Wohnkammer der Ammoniten hat neben ihrer Schutzfunktion auch die Aufgabe eines Außenskeletts und diente der Anheftung des Körpers in der Schale und als Widerlager der Muskulatur. Dort, wo die Gewebe an der Innenwand des Gehäuses befestigt waren, verblieb oft ein erhöhter Rau-Effekt. Diese Partien bewirken eine stärkere Haftung von Schalen-

Abb. 6.3: Die Charaktermerkmale der Gattung Pleuroceras Hyatt (weitnabelig, abgeplatter Venter, kräftige Rippen) sind durch Parallelentwicklung zweimal unabhängig entstanden.

Abb. 6.4: Typische Arten der Ammoniten-Familie Amaltheidae aus der Tongrube Buttenheim. A, B: Amaltheus subnodosus (Young & Bird), den J.Schobert in den basalen Schichten des Amaltheentons eines vorübergehend erschlossenen Schachts unter der Grubensohle fand, C, D: Amaltheus margaritatus Montfort aus der Apyrenum-Subzone, E: Amaltheus gibbosus (Schlotheim) aus der Apyrenum-Subzone, F, G: Amaltheus laevigatus Howarth aus der oberen Spinatum-Zone, H, I: Amaltheus aff. gibbosus (Schlotheim) aus der oberen Spinatum-Zone, J: Juveniler Pseudamaltheus engelhardti (d'Orbigny) aus der oberen Spinatum-Zone, K: 21 cm großer, ausgewachsener Pseudamaltheus engelhardti (d'Orbigny) aus der Septarien-Lage knapp unter der Bollernbank (Slg.+Foto B. Neubig), L, M: Amaltheus salebrosus Hyatt aus der Apyrenum-Subzone, Durchmesser 17,5 cm (Slg. J. Schobert) bzw. 2,5 cm.

resten auf dem Steinkern, so dass die Konfiguration ehemaliger Gewebeansätze auf der Oberfläche des Steinkerns nachgezeichnet werden kann. Sie geben wichtige Hinweise auf die Weichkörper-Organisation der ausgestorbenen Ammoniten (Keupp & Schobert 2014). So zeichnet bei dem *Pleuroceras* der Abbildung 6.12 eine dünne, zungenförmige Schalenschicht auf beiden Seiten des Steinkerns den Ansatz des ventrolateralen Retraktormuskels nach.

Ammoniten haben sich im Verlauf ihrer stammesgeschichtlichen Entwicklung an differenzierte Ernährungsweisen angepasst. Hinweise auf die bevorzugte Nahrungsquelle können unter anderem die Kieferapparate geben. Ein Grundmuster-Merkmal aller Kopffüßer ist der ausgeprägte, einem Papageischnabel ähnliche Kiefer aus Chitin, der ihnen eine carnivore Lebensweise ermöglichte. Für die Ammoniten, deren Oberkiefer von Anfang an (seit dem Devon) im Gegensatz zu den Nautiliden und modernen Coleoideen das schwächere Element gegenüber dem meist schaufelförmig ausgebildeten Unterkiefer (Anaptychus) war, können wir von einer a priori differenzierten Ernährungsweise ausgehen. Spätestens mit dem Wechsel des Unterkiefers in einen zweiklappigen Deckel (= Aptychus) seit Beginn des Toarciums hatten die aptychophoren Ammoniten die Umstellung auf eine planktotrophe Lebensweise vollzogen (Keupp et al. 2016). Die schwarz glänzenden Anaptychen der Amaltheiden finden sich nicht selten isoliert in den ammonitenreichen Geoden von Buttenheim. Keupp & Schobert (2013) konnten aus der benachbarten Tongrube von Unterstürmig einen vollständigen Kieferapparat mit Ober- und Unterkiefer beschreiben, der in der Wohnkammer eines *Pleuroceras spinatum* erhalten blieb (6.13). Insbesondere das flache Oberkiefer-Element, dessen Schnabel (= Rostrum) zu einem winzigen Vorsprung verkümmert ist, zeigt, dass auch die Amaltheiden wohl nicht in der Lage waren, einer räuberischen Ernährung nachzugehen und mit dem Kieferapparat größere Nahrungspartikel zu zerteilen.

Nahrungsnetze gehören mindestens seit dem Kambrium zu den ausgeprägtesten ökologischen Wechselbeziehungen zwischen den Lebewesen eines Biotops. Wenn wir auch mangels überlieferter Mageninhalte (noch) nicht wissen, wovon sich die Amaltheiden tatsächlich ernährt haben, so können wir doch mit Hilfe regenerierter Gehäuse-Verletzungen oft auf ihre bevorzugten Fressfeinde rückschließen (Keupp 2012). Viele Exemplare exzellent erhaltener Gehäuse

Abb.6.5: A: Pleuroceras transiens (Frentzen) aus der Apyrenum-Subzone, 27 mm, B, C: Pleuroceras solare (Phillips) aus der Apyrenum-Subzone-Durchmesser 42 bzw. 25 mm, D: Pleuroceras apyrenum (Buckman), der stratigraphische Leitammonit für die gleichnamige Subzone, Durchmesser 48 mm, E, F: Pleuroceras spinatum (Bruguière), der Charakter-Ammonit der oberen Spinatum-Zone, Durchmesser 38 bzw. 44 mm.

Abb. 6.6: Exotische Immigranten aus dem südlich gelegenen Tethys-Ozean aus der Apyrenum-Subzone. A: Juvenile Meneghiniceras eximium (= „Ammonites tortisulcoides Quenstedt"), B: Juraphyllites mimatensis, C: Metacenoceras sp. (Slg. J. Schobert).

weisen nicht selten scharfkantig begrenzte Schalenausbrüche im hinteren Wohnkammer-Bereich auf, die nach Keupp (2008) auf tödliche Bisse von Fischen hinweisen. Sie belegen, dass eine erhebliche Zahl von Ammoniten infolge des Nahrungskreislaufes zu Tode kamen (6.14).

Nicht alle Räuber-Attacken waren tödlich, so dass viele Ammoniten ihren potenziellen Prädatoren entkommen und die mehr oder weniger großen Blessuren (meist an der Gehäusemündung) wieder regenerieren konnten. Charakteristische Konfigurationen der ursprünglichen Schalen-Verletzungen lassen Rückschlüsse auf die jeweiligen Angreifer zu. So wurden zum Beispiel schmale, von der Mündung ausgehende, weit zurückreichende Schnitte durch Attacken scherentragender Krebse, eher U-förmige flachere Mündungsausbrüche von Fischbissen verursacht (6.15).

Das mehrfache Auftreten von gleichartigen Attacken in kurzen Abständen lässt auf eine ortständige Lebensweise sowohl der Räuber als auch der Beutetiere schließen (6.16).

Eine quantitative Auswertung von knapp 23 000 Amaltheiden aus Buttenheim hat nach Keupp & Schobert (2011) ergeben, dass glattschalige Gehäuse bis 2 cm Durchmesser (*Amauroceras*, juvenile *Amaltheus*) mit 8 % eine signifikant höhere Rate regenerierter Mundrandverletzungen aufweisen als berippte Formen der gleichen Größe sowie größerer Gehäuse aller Arten. Deren Verletzungsrate liegt jeweils zwischen 2 und 3 %. Die dominanten Schalenverletzungen der kleinen Gehäuse in Form schmaler, zungenförmiger Einschnitte weisen auf Attacken kleiner scherentragender Einsiedlerkrebse (*Schober-*

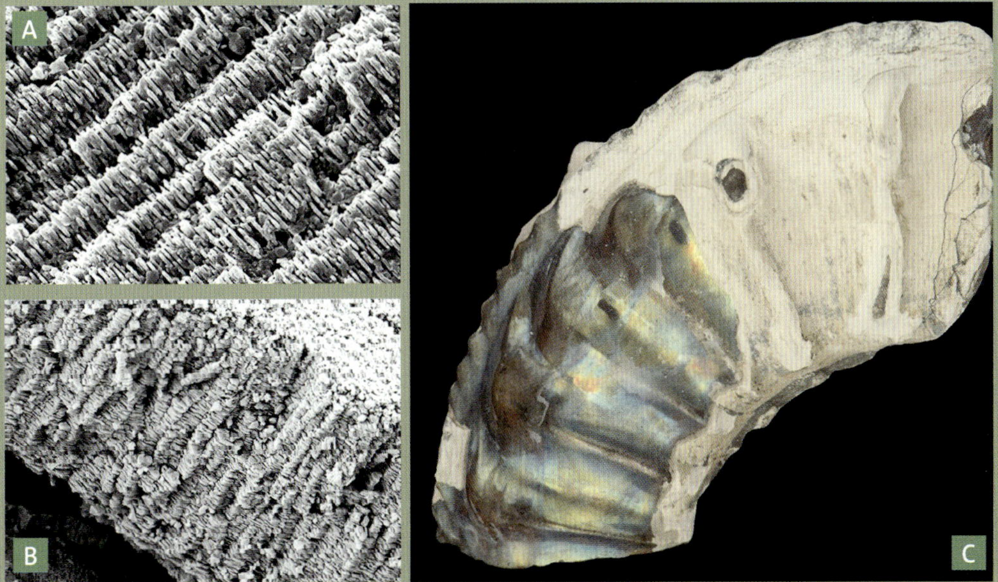

Abb. 6.7: REM-Aufnahmen eines Gehäuses von Pleuroceras solare aus Buttenheim. A: Perlmutt-Struktur der Gehäusewand, Bildbreite 13 µm. B: einer Kammerscheidewand, Bildbreite 130 µm. C: Die anhaftenden Reste der feinschichtigen Schale von Pleuroceras spinatum können beim Ablösen vom Steinkern – ähnlich einem Ölfilm auf Wasser – ein buntes Irisieren verursachen; Slg. J. Schobert, Foto J. Evers.

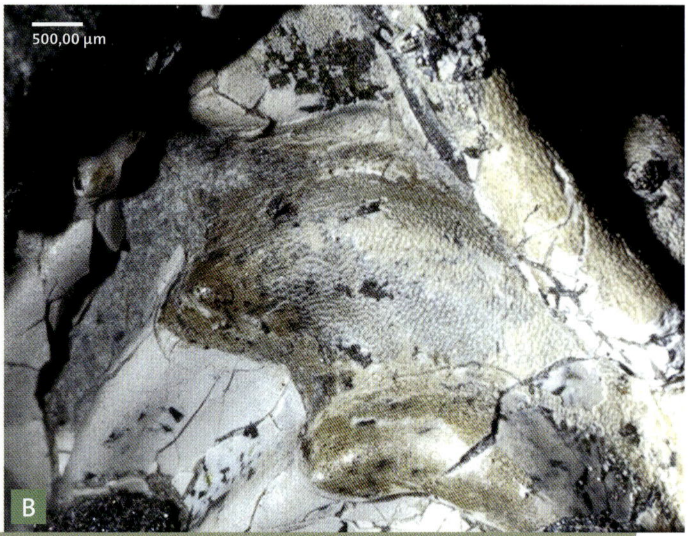

Abb. 6.8 A: Conellen sind Calcit-Aggregate, die sich in Fehlstellen der Schale im Zusammenhang mit der Regeneration einer Gehäuseverletzung gebildet haben. B: Die exzellent erhaltene Runzelschicht (= Wrinkle Layer) im Überlappungsbereich zweier Gehäusewindungen von Pleuroceras spinatum zeigt ein feines Relief, Slg. B. Doppelstein.

tella simonsenetlangi, Cryptopagurus svenhofmanni (→ S. 61) hin (6.16). Größere Gehäuse zeigen eine Dominanz von Fisch-Bissen. Die Autoren schlussfolgern daraus, dass sich die kleinen glattschaligen Individuen eher im Einzugsgebiet der Krebse, also in Bodennähe (= demersal) aufhielten, während die kleinen berippten Individuen und alle größeren verstärkt in der offenen Wassersäule lebten und nur gelegentlich die Nähe des Meeresbodens aufsuchten.

Abb. 6.9: Das Farbmuster eines Pleuroceras solare aus der Apyrenum-Subzone Buttenheims. Slg. J. Schobert, Durchmesser 32 mm.

Ammoniten-Gehäuse als Hartgrundinseln

Obwohl die Ammoniten Bewohner der freien Wassersäule waren und sicher nur gelegentlich den Meeresboden erreichten, erlangten ihre leeren, abgesunkenen Gehäuse eine wichtige ökologische Bedeutung für das System der bodenlebenden (= benthischen) Organismen. Zum einen dienten sie möglicherweise, wie aus einem Fund aus Banz (nördlich von Buttenheim) ersichtlich wird (Jagt et al. 2006), den erwähnten Einsiedlerkrebsen als Behausung. Heute erfüllen vor allem Schneckenhäuser diese Aufgabe. Zum anderen fungierten die leeren Schalen für viele Organismen, die für ihre Ansiedlung ein festes Substrat benötigen und in dem tonreichen Weichboden sonst keine Lebensmöglichkeit hätten, als Hartgrundinseln. Vor allem bei verlangsamter Sedimentation, wenn die Schalen lange Zeit exponiert blieben, nutzten Pilze, sessile Foraminiferen, Brachiopoden, Muscheln (*Harpax*) und Crinoiden sie zur Ansiedlung (6.17 A–D). Aber auch Schnecken, insbesondere Vertreter der Neritimorpha (Zatoń et al. 2009; Keupp et al. 2016) befestigten ihre Gelege auf den Schalen von Ammoniten und Belemniten (6.17 E, F). Biofilme, die dem Meeresboden deckend auflagern, bestehen aus organischen Schleimen und Bakterien. Sie und ggf. zusätzlich auf den Hartgrundinseln aufwachsende Algen waren lukrative Weidegründe. Scharen von sich par-

Lesen Sie bitte weiter nach den Bildtafeln auf S. 56

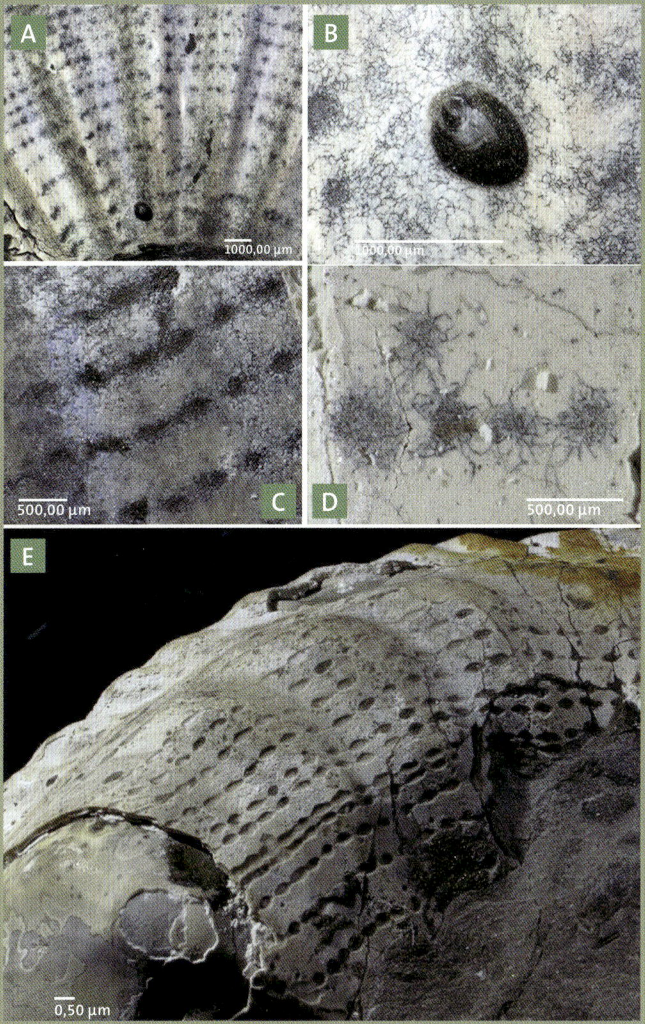

Abb. 6.10 A–D: Die Nachzeichnung des Farbmusters bei *Pleuroceras solare* erfolgte durch Pyritaggregate, wobei endolithische Pilze, deren Hyphen sich netzartig ausbreiteten, die ursprünglich organischen Pigmente zersetzt haben (B–D). B: Auf dem Gehäuse hat sich eine juvenile Muschel (*Harpax spinosus*) angesiedelt. E: Wittern die sekundären Pyritaggregate aus, bleiben entsprechende Vertiefungen in der Schale zurück. Fotos: J. Evers.

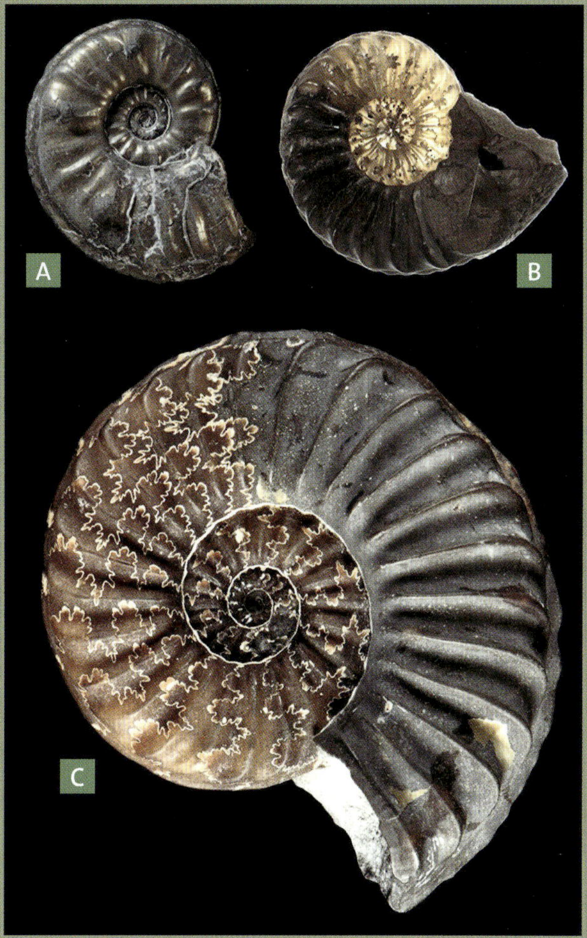

Abb. 6.11: Ammoniten-Steinkerne: Initiator für die bevorzugte Pyritisierung der Phragmokone sind die organischen Auskleidungen (= Pelliculae) der Kammerwände (A: *Amaltheus aff. gibbosus*), während das Auskristallisieren der Kammern mit klarem bzw. braunem Calzit an den vorausgehenden Einschluss des Gehäuses in eine Kalkkonkretion gebunden ist (B, C: *Pleuroceras spinatum*).

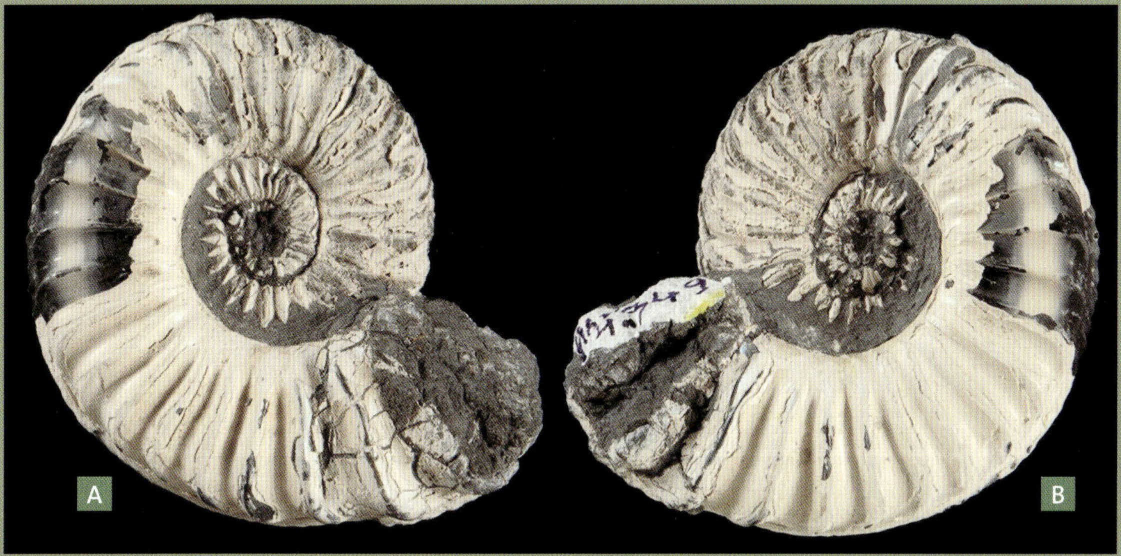

Abb. 6.12: Ehemalige Gewebeansatzstellen der Schalen-Innenseite werden gelegentlich auf dem Steinkern durch anhaftende Schalenreste sichtbar: So lässt dieses 5 cm große *Pleuroceras spinatum* beidseitig die Ansatzstellen des ventrolateralen Retraktormuskels erkennen.

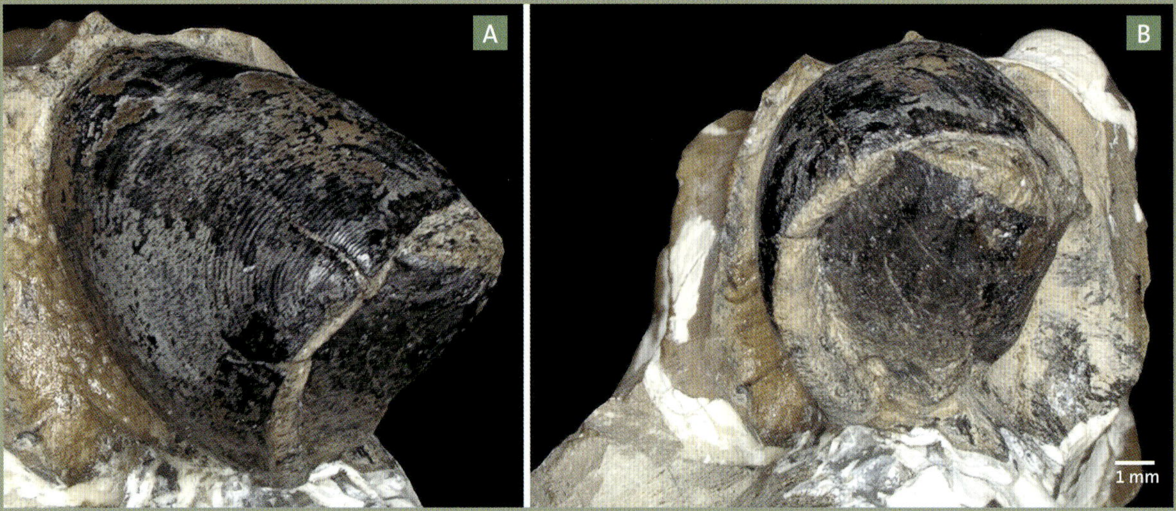

Abb. 6.13: Der vollständige chitinig Kieferapparat eines Pleuroceras spinatum aus der aufgelassenen Tong Unterstürmig zeigt den schaufelförmig Unterkiefer (Anaptychus (A) ur den flachen Oberkie (B), dessen Schnabe fast vollständig reduziert ist (aus Ke & Schobert 2013).

Abb. 6.14: Zwei Beispiele tödlicher Raubfischattacken aus Geoden der Apyrenum-Subzone von Buttenheim. Links ein 32 mm großes Pleuroceras transiens, rechts ein 22 mm großes Pleuroceras solare (aus Keupp 2008).

Abb. 6.15: Zwei Fragmente von Pleuroceraten aus Buttenheim mit regenerierten Attacken von Krebsen (links) bzw. Fischen (2x) rechts.

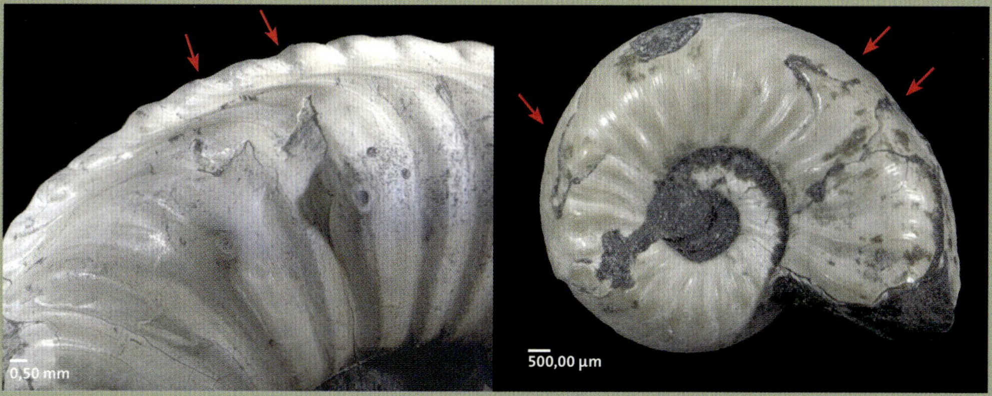

Abb. 6.16: Gleichartige Mehrfach-Attacken (Pfeile) von Einsiedlerkrebsen an Ammonitengehäusen weisen auf eine Ortständigkeit von Räubern und Beutetieren hin. Links: Amaltheus salebrosus mit regenerierter Doppel-Verletzung, rechts ein juveniles Pleuroceras indet. mit drei ausgeheilten Mundsaumverletzungen.

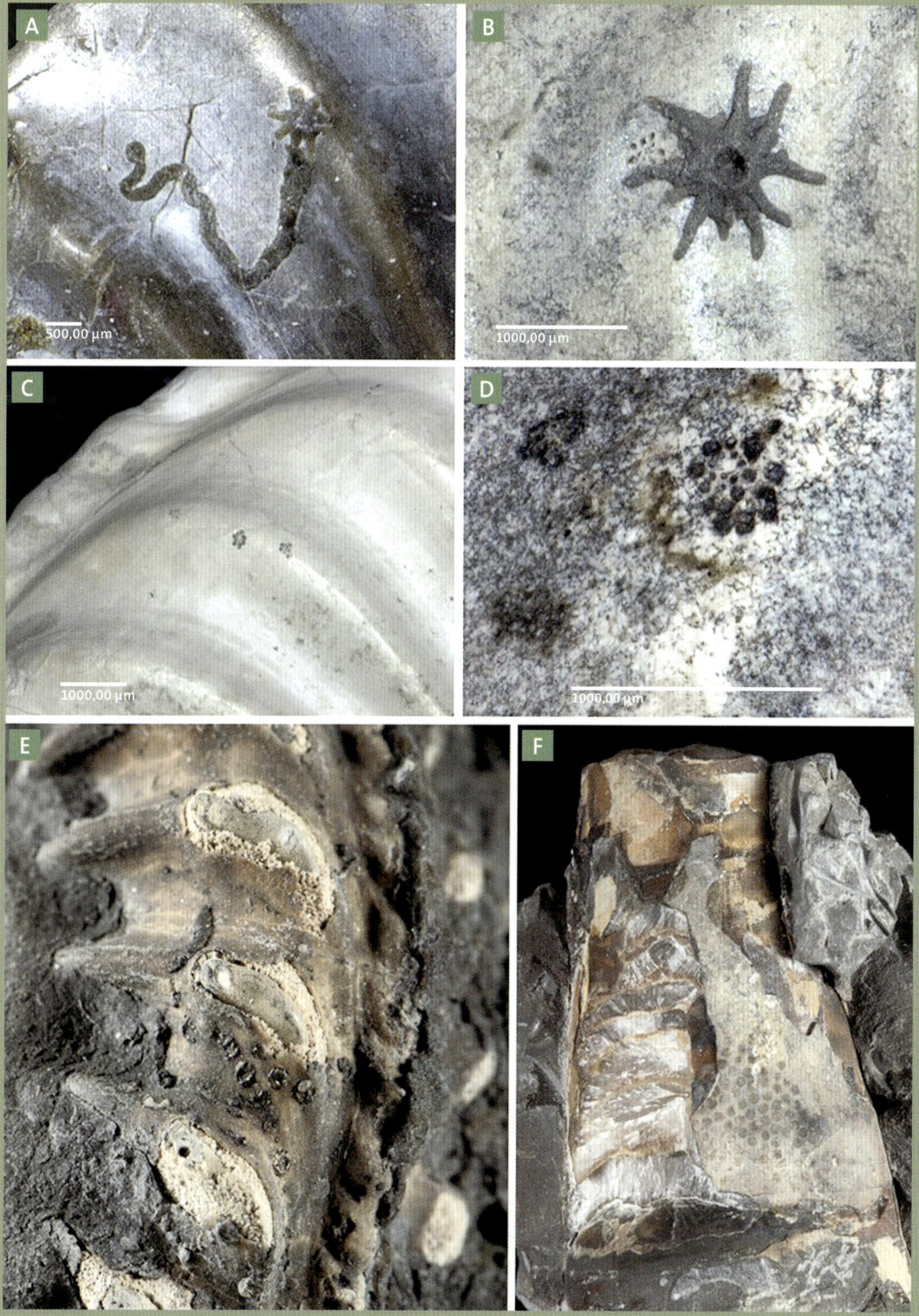

Abb. 6.17 A–E: Leere Ammoniten-Gehäuse dienten verschiedenen benthischen Organismen als Besiedlungsgrund. A: Pleuroceras spinatum vom „Quellhorizont" mit sessiler sandschaligen Foraminifere (Lituotuba) und sternförmiger Wurzelplatte einer Seelilie (Slg. J. Schobert). B: Die Wurzelplatte einer juvenilen, möglicherweise im fortgeschritteneren Lebensalter freischwimmenden Seelilie (Comatulida: Palaeocomaster), überwächst auf dem Gehäuse eines Pleuroceras solare die Ätzspuren (Podichnus) eines zuvor dort siedelnden articulaten Brachiopoden (Cuneirhynchia oder Gibbirhynchia), Apyrenum-Subzone, Slg. B. Doppelstein C, D: Auf dem Rippenkamm eines Pleuroceras solare zeigen die winzigen Bohrloch-Cluster von Podichnus, dass dort in optimal exponierter Position drei Brachiopoden aufgesessen waren. Daneben Detail eines Clusters (aus Keupp et al. 2018). E, F: Leere Ammoniten- und Belemniten Gehäuse dienten gelegentlich Gastropoden (Neritomorpha) als Laichgrund, E: Pleuroceras spinatum mit dreidimensional erhaltenen anhaftenden Gastropoden-Eiern von etwa 1 mm Durchmesser (Slg. B. Doppelstein), F: Belemniten-Phragmokon mit anhaftenden Resten des Rostrums, auf denen ein Eigelege von ca. 1 mm großen Eikapseln erkennbar ist (Slg. J. Schobert) (Bildhöhe 5 cm).

allel aufeinander zubewegenden Kratzspuren an den Rippen von Amaltheiden zeugen von der Aktivität antagonistisch wirkender Kieferapparate und gehen vermutlich auf das Abschaben dieser Biofilme durch Fische zurück (Keupp 2017; 6.18).

Belemniten

Die zehnarmigen Belemniten haben ihr gestrecktes, konisches, gekammertes Gehäuse (= Phragmokon) ins Innere des Weichkörpers verlagert und gehören somit zu den Coleoideen. Am hinteren Ende des Phragmokons hatten sie durch mehr oder weniger konzentrische Calcit-Auflagen ein Tariergewicht entwickelt (= Rostrum), um ihren Körper von der vertikalen in die horizontale Schwimm- und Jagdposition einzukippen. Die Belemniten waren die „Kalmare“ des Mesozoikums (Ob.-Trias–Kreide) und als räuberisches Nekton weltweit verbreitet. Rostren und häufig auch die aragonitischen Phragmokone sind ein geläufiges Attribut auch im Amaltheenton Buttenheims (6.19), wo sie in den kondensierten Aufarbeitungshorizonten zum Teil angereichert und durch die Bodenströmung eingeregelt sind („Belemniten-Schlachtfelder“, 6.20). Es dominieren schlanke kegelförmige Rostren der Gattung *Passaloteuthis* Lissajous, deren Spitzen nur kurze Längsfurchen aufweisen. Ihre artliche Zuordnung ist durch das Auftreten unterschiedlicher ontogenetischer Stadien oft schwierig, da jugendliche Exemplare meist schlanker als ihre ausgewachsenen Pendants sind. Rohde (2012) erwähnt in seiner kurzen Darstellung der Belemniten aus Buttenheim darüber hinaus zwei weitere Formen, die kurzen Rostren von *Parapassaloteuthis zieteni* und die seitlich abgeplatteten von *Pleurobelus compressus*.

Von besonderem Interesse ist aber *Enigmabelus*, eine Gruppe schlanker Rostren-Arten, die mit maximal 25 mm Länge kleinwüchsig sind (6.23A, B, D). Sie wurde bisher nur aus der oberen Spinatum-Zone der Tongrube Buttenheim bekannt und aufgrund ihrer ungewöhnlichen Morphologie zu einer eigenständigen Familie erhoben (Keupp & Fuchs 2020). *Enigmabelus* ist durch eine ventral offene Alveole gekennzeichnet, so dass das gekammerte Gehäuse nur dorsal und lateral vom Rostrum ummantelt wird. Die Apikallinie, von der aus die Mineralisation des Rostrums erfolgte, verläuft bei allen anderen Belemniten im Zentrum des Rostrums (ortholineat), bei einigen Arten auch leicht exzentrisch (goniolineat). Sie liegt bei *Enigmabelus* an der ventralen Außenseite (perilineat). Die faserigen Calcit-Kristalle sind im Querschnitt des Rostrums deshalb nicht in konzentrischen Lagen um die Apikallinie arrangiert, sondern strahlen fächerförmig von einem randlichen Punkt aus (6.21C).

Über die funktionelle Bedeutung der Unterdrückung eines ventralen Rostrums dieser endemischen Form kann nur spekuliert werden. Frisch geschlüpfte Paralarven der Belemniten, die ohne massives Rostrum das Ei verließen, lebten zunächst mit ihrem Kopf nach unten im Plankton. Erst mit der Anlage des Rostrums kippten die Körper zunehmend in eine horizontale Schwimm-Position ein. Die ventrale Reduktion von Rostrallagen verzögerte das Einkippen des Tieres und ermöglichte wohl eine längere planktische Verweildauer.

Ein gemeinsames Merkmal aller Belemnoideen war die Ausstattung ihrer 10 Fangarme mit Saug-

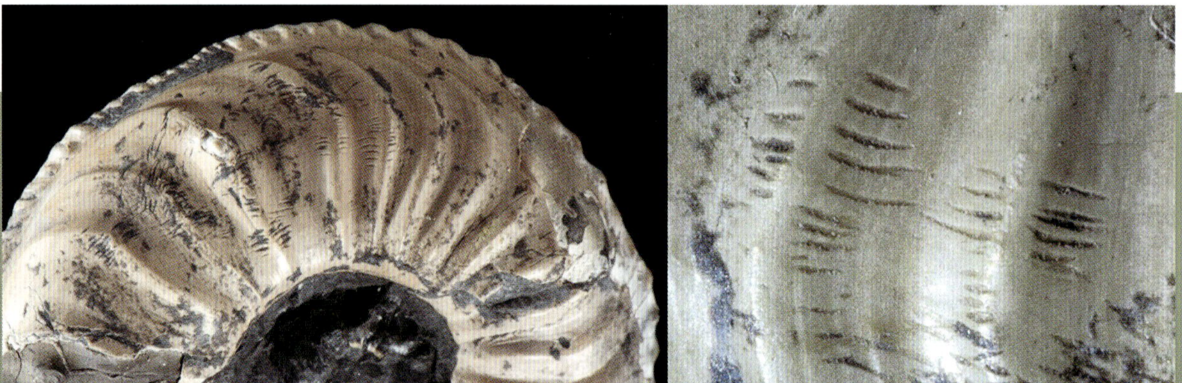

Abb. 6.18: Kratzspuren an den Rippen eines 36 mm großen Amaltheus salebrosus gehen möglicherweise auf das Abweiden von Biofilmen durch Fische zurück. Rechts: Ausschnittsvergrößerung (aus Keupp 2018).

Abb. 6.19: Passaloteuthis laevigata, links: Rostrum mit flach gedrücktem Phragmokon aus der Apyrenum-Subzone von Buttenheim, Länge 8 cm, rechts: Das aufgebrochene Rostrum mit dem freigelegten Phragmokon, an dessen Spitze das kugelige Embryonalgehäuse (= Protoconch) gut sichtbar ist.

Abb. 6.20: Enigmabelidae, eine bisher nur aus Buttenheim bekannte Familie kleinwüchsiger Belemniten: A: Enigmabelus doppelsteini Keupp & Fuchs (Holotypus). B: Holotypus von Enigmabelus micros Keupp & Fuchs. Die am Außenrand des Rostrums verlaufende Apikallinie ist hier durch eine schmale Furche nachgezeichnet. C: Im Querschnitt bedingt die perilineate Apikallinie eine fächerförmige Anordnung der radialen Calcit-Kristalle. D: An der Ventralseite von Enigmabelus leptos Keupp & Fuchs 2020 bedingt die perilineate Apikallinie eine zarte V-förmige Lineation. Maßstäbe A–C = 1 mm, D = 0,5 mm.

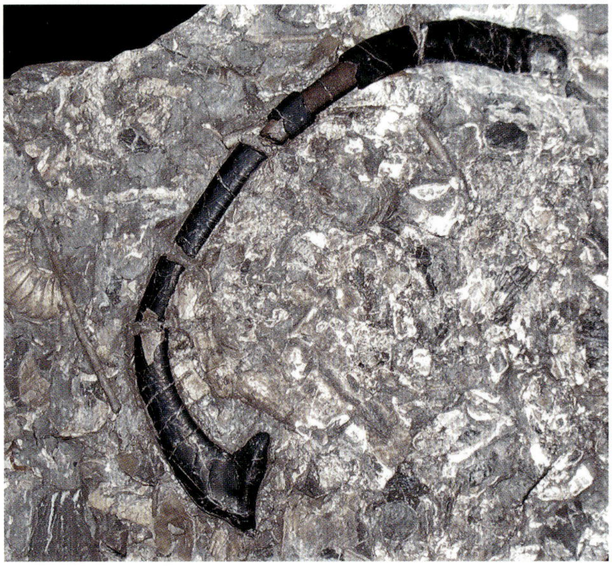

Abb. 6.21: 8 cm großer Mega-Onychit (Onychites amalthei Quenstedt) aus dem „Echiniden-Pectiniden-Horizont" von Buttenheim. Links im Bild ein schlanker Stachel des Seeigels Procidaris edwardsi. Slg. B. Doppelstein.

näpfen und zusätzlich mm-kleinen Chitin-Häkchen (= Mikro-Onychiten), die das Ergreifen der Beute optimierten. Wie komplett überlieferte Tiere von *Passaloteuthis* aus dem Posidonienschiefer von Holzmaden belegen, hatten die mutmaßlichen Männchen an der Basis ihrer Armkrone ein zusätzliches Paar von mehreren Zentimeter großen Mega-Onychiten (Engeser 1987; Klaschka 2018; Hoffmann & Stevens 2019). Ihre Funktion kann im Zusammenhang mit der Übergabe von Sperma-Paketen an die Weibchen gesehen werden. Die Abb. 6.21 zeigt einen solchen Mega-Onychiten aus dem „Echiniden-Pectiniden-Horizont". Quenstedt hat 1856 für diese Großhaken die Formart *Onychites amalthei* eingeführt.

In ihrer Zuordnung umstritten sind die 1,5 bis 2,5 mm kleinen, kalkigen, meist hellbraun gefärbten Statolithe, die in den mikropaläontologischen Schlämmproben häufig anzutreffen sind (6.22). Statolithe sind wesentlicher Bestandteil der paarigen Statocysten, mit deren Hilfe sich die modernen coleoiden Tintenfische in der Wassersäule orientieren. Sie sind eine konvergente Entwicklung zu den ebenfalls aragonitischen Otolithen der Fische. Die Gestalt der Statolithe ist artspezifisch (Clark 1998), unterliegt aber einer deutlichen ontogenetischen Variabilität. Das Rostrum, ein Fortsatz, der gegenüber dem als Kuppel bezeichneten Hauptkörper schwach abgewinkelt ist, wird mit zunehmendem Individualalter der Tiere ausgeprägter. Clark (2003) bildete vergleichbare Statolithe aus dem Jura ohne systematische Zuordnung ab. Angesichts der Häufigkeit von Belemniten-Rostren und dem bisherigen Fehlen von Resten anderer Coleoideen, wie z. B. den im Unter-Toarcium verbreiteten Gladien von Loligosepien und Teudopsiden, ist die Wahrscheinlichkeit groß, dass sie am ehesten zu Belemniten gehören. Leider konnten auch bei den vollständig überlieferten Belemniten-Tieren aus dem Posidonienschiefer bisher keine Statolithe *in situ* gefunden werden.

Abb. 6.22: REM-Aufnahmen von mutmaßlichen Belemniten-Statolithen aus dem mikropaläontologischen Schlämmgut von Buttenheim, Längen zwischen 1,7 und 2,5 mm. A, B: Rechter Statolith von oben bzw. unten, C–E: unterschiedlicher Lebensalter (juvenil links, adult rechts).

Helmut Keupp & Günter Schweigert

Die Krebse (Crustacea) aus dem Amaltheenton von Buttenheim

Krebse zählen heute mit ihren rund 67.000 lebenden Arten zu den besonders erfolgreichen Gruppen der mandibulaten Gliedertiere. Sie sind bereits zu Beginn des Phanerozoikums mit verschiedenen Gruppen existent und haben seitdem unterschiedlichste Nischen sowohl in marinen Lebensräumen als auch im Süßwasser und auf dem trockenen Land besetzt.

Ihre Formenvielfalt macht es schwer, ein Set gemeinsamer Merkmale zu definieren. Ihr Unterschied zu den stärker abgeleiteten, an das Landleben angepassten Tracheata (Insekten, Tausendfüßler) besteht hauptsächlich im generellen Besitz ursprünglicher (plesiomorpher) Merkmale, wie Kiemen, typischer Spaltbeine und zwei Antennenpaaren. Die Crustaceen haben eine einheitliche Larvalentwicklung (Nauplius-Larve), die nur bei den terrestrischen Asseln unterdrückt wird, deren Nachwuchs direkt aus den Eiern in der Bruttasche der Weibchen schlüpft. Häufig erscheint die typische Dreigliederung des Arthropodenkörpers äußerlich durch den Carapax, einer Verschmelzung von Kopf- und Brustpanzer, reduziert. Auch wenn augenfällige Körperfossilien von Krebstieren in Buttenheim eher selten sind, waren sie in diesem Biotop allgegenwärtig und haben ihre Spuren hinterlassen.

Eumalacostraca
Zehnfußkrebse (Decapoda)

Funde von modernen scherentragenden, generell am oder im Meeresboden lebender Krebse sind im Amaltheenton von Buttenheim relativ selten. Dennoch konnten von dort sogar zwei neue Arten von Einsiedlerkrebsen beschrieben werden. Simonsen (2012) bzw. Schweigert et al. (2013) bilden vier Gattungen aus der Tongrube ab: *Eryma*, *Pseudoglyphea* und die zu den Anomura (Mittelkrebse) gehörenden Einsiedlerkrebse *Schobertella* und *Cryptopagurus*.

Vom Schlankhummer *Eryma amalthei* ist bis heute noch kein ganz vollständiger Fund geglückt. Die Art basiert auf isolierten Scherenballen mit kurzen, gedrungenen Fingern (Schweigert et al. 2013; Devillez & Charbonnier 2019), die in Buttenheim gelegentlich gefunden wurden. Funde isolierter Carapaxe, die zu *Eryma amalthei* gehören dürften, liegen ebenfalls vor. Die Zuordnung vollständigerer Funde wie der von Abb. 7.1A, dessen Carapax allerdings nur noch rudimentär erhalten ist, ist nicht ganz eindeutig, weil die Funde von Scheren mit sehr langen, weitständig bezahnten Scherenfingern das Vorkommen einer zweiten Erymiden-Art in Buttenheim belegen, die zur Gattung *Stenodactylina* gehört. Auch hiervon ist aus dem Amaltheenton noch kein kompletter Fund bekannt geworden. Am ehesten dürften solche Funde in Konkretionen zu erwarten sein, doch ist deren Präparation sehr aufwändig und sollte Spezialisten überlassen werden, um nicht wissenschaftlich wertvolle Funde womöglich unabsichtlich zu zerstören.

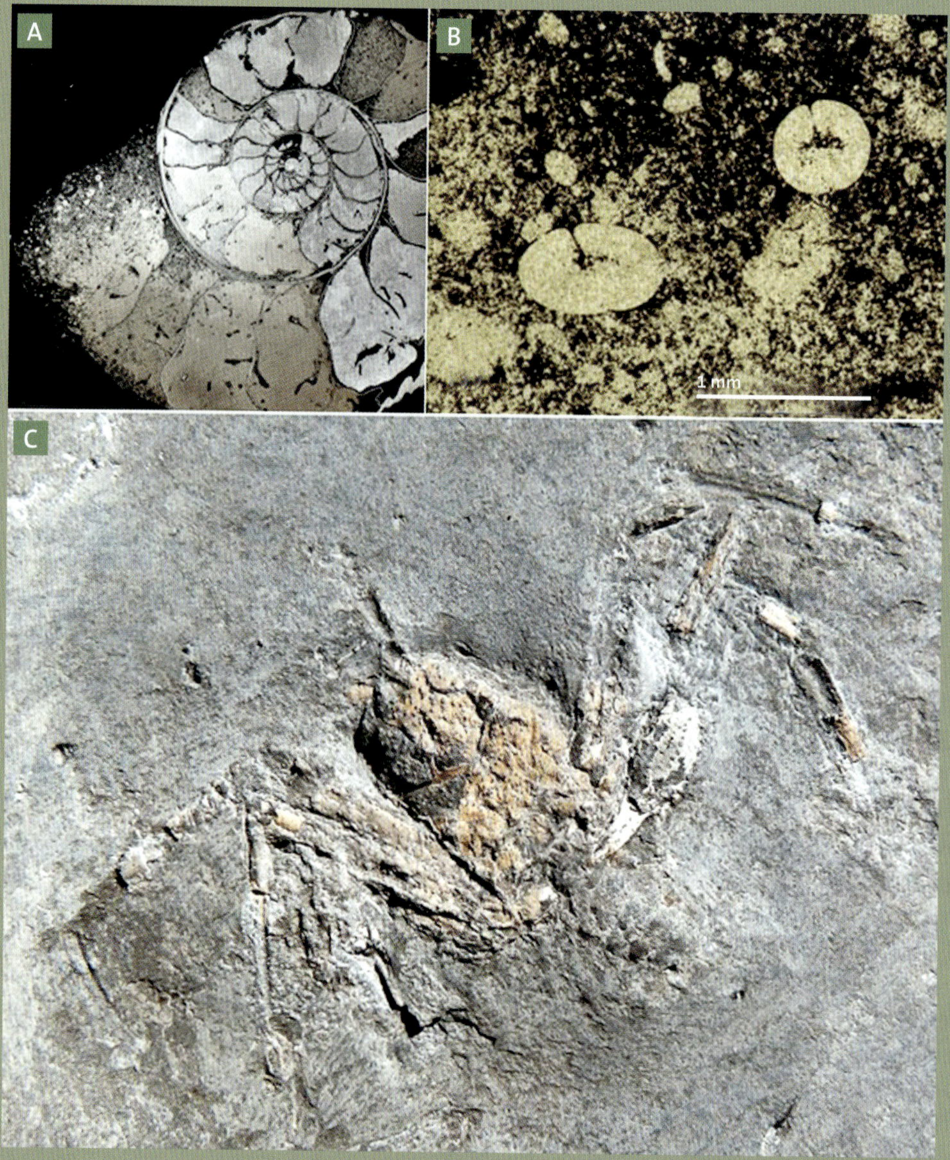

Abb. 7.3 A, B: Internstrukturierte Mikrokoprolithe der Formart *Helicerina spinosa* (rechts im Dünnschliff) in der Wohnkammer eines *Amaltheus gibbosus* von Marloffstein bei Erlangen. C: Mutmaßlicher Produzent von *Helicerina* war *Eoprosopon klugi*, hier der Holotypus aus dem Amaltheenton von Marloffstein.

Abb. 7.4: Drei typische Anomalien bei Amaltheiden, die auf die Reaktion von Krebsattacken zurückgeführt werden können. A: Zungenförmige Ausbrüche, die von der ehemaligen Gehäusemündung schräg nach hinten gerichtet sind, gehen vermutlich auf Angriffe von Einsiedlerkrebsen zurück. Sie treten öfters bei kleinen Gehäusen auf (hier *Amauroceras* sp., Durchmesser 9 mm). B: Der Rippenscheitel auf der Flanke eines *Pleuroceras spinatum* weist auf die Vernarbung einer durch Krebsscheren ausgelösten punktförmigen Verletzung des ehemaligen Mundsaumepithels hin. Durchmesser 5 cm C: Die Regeneration des klar allseitig begrenzten Lochs in der Wohnkammer eines *Pleuroceras spinatum* aus Unterstürmig weist auf einen möglichen Stomatopoden-Angriff hin, Durchmesser 41 mm (aus Keupp 2006).

Helmut Keupp & Günter Schweigert

Die Krebse (Crustacea) aus dem Amaltheenton von Buttenheim

Krebse zählen heute mit ihren rund 67.000 lebenden Arten zu den besonders erfolgreichen Gruppen der mandibulaten Gliedertiere. Sie sind bereits zu Beginn des Phanerozoikums mit verschiedenen Gruppen existent und haben seitdem unterschiedlichste Nischen sowohl in marinen Lebensräumen als auch im Süßwasser und auf dem trockenen Land besetzt.

Ihre Formenvielfalt macht es schwer, ein Set gemeinsamer Merkmale zu definieren. Ihr Unterschied zu den stärker abgeleiteten, an das Landleben angepassten Tracheata (Insekten, Tausendfüßler) besteht hauptsächlich im generellen Besitz ursprünglicher (plesiomorpher) Merkmale, wie Kiemen, typischer Spaltbeine und zwei Antennenpaaren. Die Crustaceen haben eine einheitliche Larvalentwicklung (Nauplius-Larve), die nur bei den terrestrischen Asseln unterdrückt wird, deren Nachwuchs direkt aus den Eiern in der Bruttasche der Weibchen schlüpft. Häufig erscheint die typische Dreigliederung des Arthropodenkörpers äußerlich durch den Carapax, einer Verschmelzung von Kopf- und Brustpanzer, reduziert. Auch wenn augenfällige Körperfossilien von Krebstieren in Buttenheim eher selten sind, waren sie in diesem Biotop allgegenwärtig und haben ihre Spuren hinterlassen.

Eumalacostraca
Zehnfußkrebse (Decapoda)

Funde von modernen scherentragenden, generell am oder im Meeresboden lebender Krebse sind im Amaltheenton von Buttenheim relativ selten. Dennoch konnten von dort sogar zwei neue Arten von Einsiedlerkrebsen beschrieben werden. Simonsen (2012) bzw. Schweigert et al. (2013) bilden vier Gattungen aus der Tongrube ab: *Eryma*, *Pseudoglyphea* und die zu den Anomura (Mittelkrebse) gehörenden Einsiedlerkrebse *Schobertella* und *Cryptopagurus*.

Vom Schlankhummer *Eryma amalthei* ist bis heute noch kein ganz vollständiger Fund geglückt. Die Art basiert auf isolierten Scherenballen mit kurzen, gedrungenen Fingern (Schweigert et al. 2013; Devillez & Charbonnier 2019), die in Buttenheim gelegentlich gefunden wurden. Funde isolierter Carapaxe, die zu *Eryma amalthei* gehören dürften, liegen ebenfalls vor. Die Zuordnung vollständigerer Funde wie der von Abb. 7.1A, dessen Carapax allerdings nur noch rudimentär erhalten ist, ist nicht ganz eindeutig, weil die Funde von Scheren mit sehr langen, weitständig bezahnten Scherenfingern das Vorkommen einer zweiten Erymiden-Art in Buttenheim belegen, die zur Gattung *Stenodactylina* gehört. Auch hiervon ist aus dem Amaltheenton noch kein kompletter Fund bekannt geworden. Am ehesten dürften solche Funde in Konkretionen zu erwarten sein, doch ist deren Präparation sehr aufwändig und sollte Spezialisten überlassen werden, um nicht wissenschaftlich wertvolle Funde womöglich unabsichtlich zu zerstören.

Pseudoglyphea gehört zu einer heute nur noch mit zwei Gattungen und jeweils einer Art (*Neoglyphea, Laurentaeglyphea*) vertretenen Reliktgruppe, den Glypheiden. Diese leben in selbstgegrabenen Röhrenbauen und ihre überwiegend im Mesozoikum verbreiteten fossilen Vertreter dürften für viele der als *Thalassinoides* bekannten Spurenfossilien verantwortlich sein. In der Füllung solcher Baue findet man nämlich manchmal Häutungshemden oder verschüttete Exemplare.

Scherenreste von *Schobertella simonsenetlangi* gehören zu den häufigsten Krebsfossilien in Buttenheim. Inzwischen liegen von dieser Art zwei vollständigere Reste vor, einer davon aus der inzwischen aufgelassenen Tongrube von Marloffstein bei Erlangen (7.2), der andere aus einer Konkretion im Amaltheenton von Iggingen bei Schwäbisch Gmünd (Fraaije et al. 2021). Sie zeigen ebenso wie ein hier abgebildetes Scherenpaar aus Buttenheim, dass bei diesen frühen Einsiedlerkrebsen die beiden Scheren noch ungefähr gleich groß waren, wogegen bei den allermeisten modernen Einsiedlerkrebsen entweder die linke oder die rechte Schere stark vergrößert ist. Von *Schobertella simonsenetlangi* fand sich sogar eine Schere, an der seitlich noch eine weitere kleinere Schere ansitzt (7.1C). Diese kuriose Pathologie, „Dreifachbruchbildung" genannt, kommt auch bei heutigen Krebsen vor. Sie ist nicht genetisch fixiert, sondern wird durch Verletzungen ausgelöst. Der Nachweis aus dem späten Pliensbachium ist bislang der erdgeschichtlich älteste (Scholz 2020). Von der zweiten aus Buttenheim beschriebenen Einsiedlerkrebs-Art, *Cryptopagurus svenhofmanni*, ist der Holotypus, ein Scherenarm mit perfekt erhaltener Schere, nach wie vor der vollständigste Fund (7.1D). Da andernorts im fränkischen Amaltheenton und in gleichaltrigen Gesteinen sogar noch weitere Einsiedlerkrebse gefunden worden sind (*Palaeopagurus* sp.), kann man sicher auch in Buttenheim mit solchen Funden rechnen.

Häufiger als die Reste der Krebse selbst sind jedoch die Spuren ihrer Aktivitäten. Viele Anomuren produzieren charakteristische, fossil erhaltungsfähige Exkremente, die infolge von fleischigen Auswüchsen im Enddarmbereich durch Hohlkanäle strukturiert sind, ganz ähnlich wie bei einem Hohlblockziegel. Diese Strukturen erzeugen dabei ein gruppenspezifisch angeordnetes internes Hohlkanalmuster. Derartige, meist unter 1 mm große Mik-

Abb. 7.1 A: Pleon mit Resten des Carapax eines Schlankhummers (vermutlich Eryma amalthei) aus der Pyriterzbank von Buttenheim (Slg. J. Schobert), Breite 52 mm. B: Ein Scherenpaar von Schobertella simonsenetlangi in einer Konkretion, Breite 28 mm (leg. B. Doppelstein). C: Die pathologische „Dreifachbruchbildung" einer 10 mm langen Schere von Schobertella ist die Folge einer ehemaligen Verletzung. D: Die 12 mm lange Schere des neuen Einsiedlerkrebses Cryptopagurus svenhofmanni Schweigert et al. 2013 (Holotyp) von Buttenheim.

rokoprolithe werden in der Spurenfamilie Favreinidae zusammengefasst. Sie ähneln teilweise den etwas größeren, ebenfalls stabförmigen Koprolithen nuculider Muscheln (*Bactryllium*), wie sie Keupp et al. (2018) aus dem Amaltheenton von Buttenheim bereits beschrieben haben. Der Dünnschliff (7.3B) zeigt solche Mikrokoprolithe im geschützten Innenraum einer Wohnkammer von *Amaltheus gibbosus* aus der Apyrenum-Subzone von Marloffstein bei Erlangen, sie sind aber in Buttenheim sicher ebenso zu erwarten. Sie entsprechen der ursprünglich aus der Unterkreide beschriebenen Formart *Helicerina spinosa*. Dieser Nachweis ist insofern bemerkenswert, als der *Helicerina*-Formtyp auf Krabben oder deren stammesgeschichtliche Vorläufer zurückgeht (Schweigert et al. 1997). Fossile Krabben sind zwar aus Buttenheim selbst bisher noch nicht bekannt geworden, aber immerhin aus gleichaltrigen Schichten der erwähnten Tongrube von Marloffstein (7.3C). Von dort wurde mit *Eoprosopon klugi* eine der erdgeschichtlich ältesten Krabben nachgewiesen (Förster 1986). Es wäre also sehr gut möglich, dass die mutmaßlichen Krabben-Koprolithen von dieser Art stammen.

Abb. 7.2: Annähernd vollständiges, 29 mm langes Exemplar von Schobertella simonsenetlangi aus der Apyrenum-Subzone von Marloffstein (aus Schweigert et al. 2013)

Die Aktivitäten dekapoder Krebse haben oft auch typische Spuren an Vertretern ihrer potenziellen Beute hinterlassen. So konnten zahlreiche Ammoniten den Krebsattacken entkommen und ihre dabei davongetragenen Blessuren der Schale wieder regenerieren. Vor allem juvenile und kleinerwüchsige Ammoniten zeigen häufig schmale, zungenförmig von der ehemaligen Gehäusemündung nach hinten verlaufende Schalenausbrüche (7.4A), die von Keupp & Schobert (2011) auf Einsiedlerkrebse zurückgeführt werden (→ S. 54, 55). Auch die so genannten „Rippenscheitel" (forma aegra verticata Hölder), die als Störungen des Gehäusebaus nach einer punktförmigen Verletzung des Mundrand-Epithels entstanden sind (7.4B), lassen sich am ehesten durch die Einwirkung von Krebsscheren deuten (Keupp 2012). Keupp (2006) bildete ein *Pleuroceras spinatum* aus der nur knapp 2 km entfernten früheren Tongrube von Unterstürmig ab, das ein allseitig deutlich begrenztes Loch in der Wohnkammer ausgebessert hatte (= forma aegra *fenestra*). Der aktualistische Vergleich legt nahe, dass dieser Ammonit einen Angriff eines mutmaßlichen Fangschreckenkrebses (= Stomatopoda) überlebt und das ausgeschlagene Loch wieder verschlossen hat (7.4 C). Fangschreckenkrebse haben seit der Jurazeit ihr 2. Thorakalbeinpaar zu einem sehr effektiven Schlagwerkzeug umgestaltet, mit dem die modernen Vertreter bevorzugt in den wärmeren Flachmeeren Schnecken und Muscheln attackieren und unregelmäßig konfigurierte Löcher in deren Schalen schlagen. Die nur geringe Verkalkung des Chitinpanzers beschränkt die Überlieferung von Körperfossilien dieser Krebsgruppe auf strikte Konservatbedingungen von Fossillagerstätten wie den Solnhofener Plattenkalken. Aus dem Amaltheenton sind Stomatopoden-Reste bisher unbekannt.

In den Aufarbeitungshorizonten („Pyriterz-Bank", „Quellhorizont", „Echiniden-Pectiniden-Horizont") finden sich häufig auf den kleineren, nur wenige Zentimeter großen Geoden, die synsedimentär ausgespült und zum Teil angereichert wurden, tiefe, unregelmäßig angeordnete, sich oft überschneidende Kratzspuren und langgezogene Baue (7.5A). Als mögliche Verursacher vermuten Keupp et al. (2016, 2018) Krebse. Die Baue lassen bei guter Erhaltung feine, sich diagonal überkreuzende Kratzspuren erkennen. Für solche Baue hat Saporta (1887) das Taxon *Spongeliomorpha* vorgeschlagen, aber seinerzeit noch nicht als Spurenfossil erkannt (Calzada 1981).

Marine Asseln und Scherenasseln

Asseln (Isopoda) sind seit dem Jungpaläozoikum bekannt. Mit Beginn des Mesozoikums entwickelten sie zusammen mit den übrigen Gruppen der

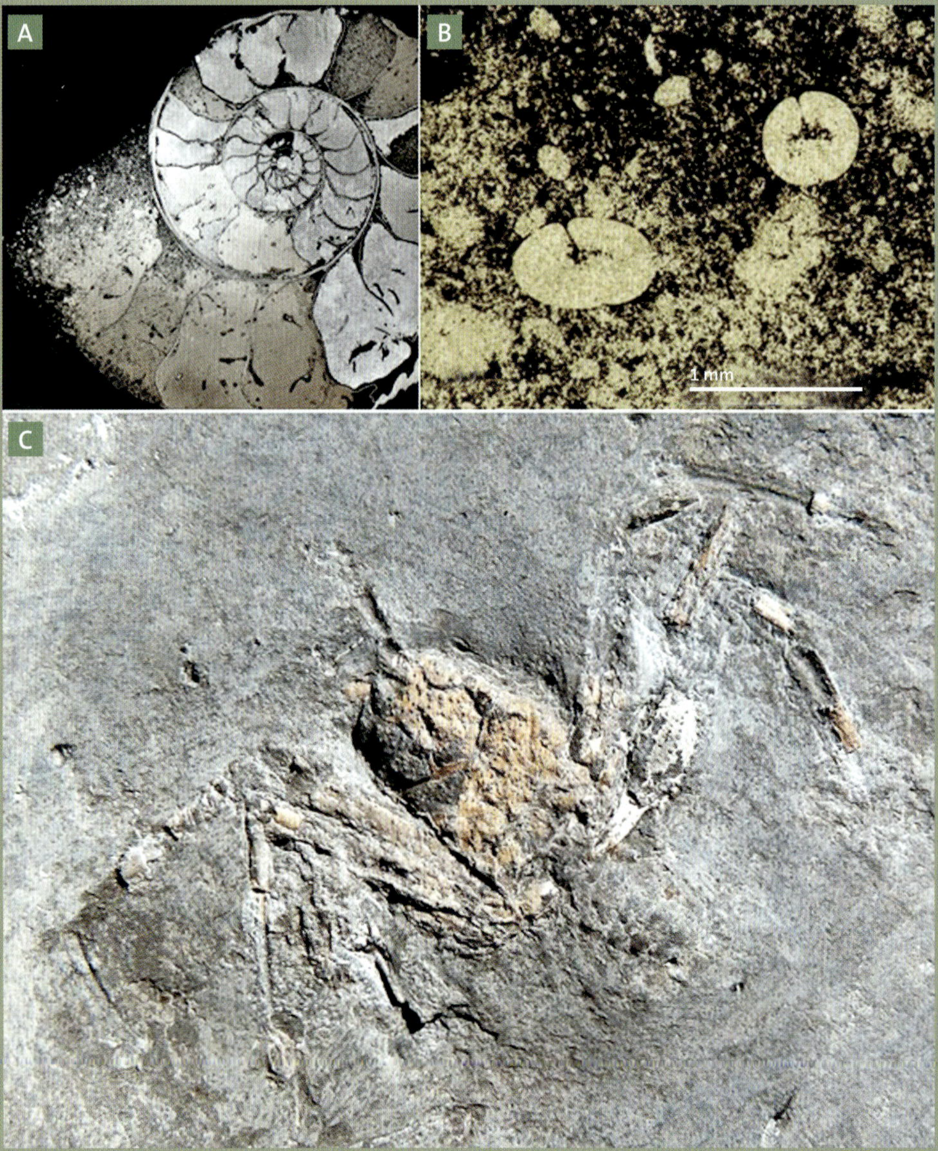

Abb. 7.3 A, B: Internstrukturierte Mikrokoprolithe der Formart Helicerina spinosa (rechts im Dünnschliff) in der Wohnkammer eines Amaltheus gibbosus von Marloffstein bei Erlangen. C: Mutmaßlicher Produzent von Helicerina war Eoprosopon klugi, hier der Holotypus aus dem Amaltheenton von Marloffstein.

Abb. 7.4: Drei typische Anomalien bei Amaltheiden, die auf die Reaktion von Krebsattacken zurückgeführt werden können. A: Zungenförmige Ausbrüche, die von der ehemaligen Gehäusemündung schräg nach hinten gerichtet sind, gehen vermutlich auf Angriffe von Einsiedlerkrebsen zurück. Sie treten öfters bei kleinen Gehäusen auf (hier Amauroceras sp., Durchmesser 9 mm). B: Der Rippenscheitel auf der Flanke eines Pleuroceras spinatum weist auf die Vernarbung einer durch Krebsscheren ausgelösten punktförmigen Verletzung des ehemaligen Mundsaumepithels hin. Durchmesser 5 cm C: Die Regeneration des klar allseitig begrenzten Lochs in der Wohnkammer eines Pleuroceras spinatum aus Unterstürmig weist auf einen möglichen Stomatopoden-Angriff hin, Durchmesser 41 mm (aus Keupp 2006).

Abb. 7.5: Im Sediment angelegte Wohnbaue (Domichnia) mutmaßlicher Krebse (Spongeliomorpha) aus dem EPH von Buttenheim (links, Bildbreite 3 cm) und vielleicht ebenfalls von Krebsen stammende Bewegungsspuren (Repichnia) auf einer kleinen Geode des „Pyriterz-Horizonts".

Abb. 7.6: Marine Asseln gehören im Amaltheenton von Buttenheim zu den großen Raritäten. A: Palaega suevica Reiff, 1936 aus der oberen Spinatum-Zone (Länge 3 cm, leg. B. Doppelstein), B–D: Palaega johannschoberti Keupp & Mahlow, 2017 aus der basalen Apyrenum-Subzone (Länge 16,8 mm, leg. J. Schobert), B: Seitenansicht des Holotypus, C: In der Frontalansicht sind die beiden dunkler gefärbten, ovalen Facettenaugen deutlich erkennbar, D: Die Röntgen-CT-Aufnahme lässt in der Geode eingeschlossene Gliedmaßen (zwei breite Pereiopoden, eine Antenne) erkennen.

Malakostraken rasch eine große Artenvielfalt und spezialisierten sich auf sehr unterschiedliche Ernährungsweisen als Detritusfresser, Weidegänger, Räuber, Parasiten und möglicherweise auch Filtrierer (Klompmaker et al. 2014; Nagler et al. 2016). Obwohl Asseln heute von der Tiefsee bis in die Küstenregionen aller Klimazonen vorkommen (Poore & Bruce 2012) und auch im Mesozoikum eine weite Verbreitung unter unterschiedlichen Rahmenbedingungen epikontinentaler Schelfmeere hatten (Etter 2014), zählen fossile Isopoden in den mesozoischen Sedimenten zu den Raritäten. Ursache hierfür ist wohl die geringe Verkalkung ihres Chitinpanzers, der nach dem Tod der Tiere binnen kurzer Zeit zersetzt wird. Ihre Überlieferung setzt daher in der

Regel eine rasche Einbettung unter Konservatbedingungen voraus, wie sie einerseits beispielsweise in Plattenkalk-Vorkommen, andererseits aber auch in frühdiagentisch gebildeten Konkretionen gegeben sind. Aus dem Amaltheenton von Buttenheim wurden bisher zwei Assel-Arten beschrieben, die jeweils in kleinen karbonatischen Geoden eingeschlossen sind (Keupp & Mahlow 2017). Wie Aufnahmen mit dem Röntgen-Computer-Tomographen zeigen (7.6 D), erfolgte die Fossilisation in diesen Geoden so schnell, dass sogar die Gliedmaßen noch weitgehend im Verband erhalten geblieben sind. Neben der auch aus anderen Amaltheenton-Vorkommen bekannten *Palaega suevica* konnte eine neue, kleinere, nur knapp 2 cm große Art entdeckt werden, die nach dem Finder *Palaega johannschoberti* benannt wurde.

Abb. 7.7 A: Doppel- und einklappig erhaltene Ostracoden aus dem Formkreis von Ogmoconcha amalthei. B, C: Linke und rechte Seite der glattrandigen Ogmoconcha amalthei aus der oberen Spinatum-Zone, Fotos: B. Doppelstein. D, E: Ogmoconcha amalthei mit Marginalstacheln am Vorder- und Hinterrand bzw. nur vorne aus der unteren Spinatum-Zone. Fotos: B. Steber. F, G: Isobythocypris tatei bzw. Liasina lanceolata, zwei weitere glattschalige Arten aus der oberen Spinatum-Zone. Fotos: J. Evers.

Außer Isopoden ist im Amaltheenton auch eine Scherenassel (Tanaidacea) nachgewiesen (Reiff 1936). Scherenasseln, eine weitere noch heute verbreitete Gruppe malacostracer Krebstiere, kommen im Jura Süddeutschlands im Opalinuston und im Ornatenton (jeweils Mitteljura) sowie im oberjurassischen Plattenkalk von Brunn in Ostbayern vor. Da ihre Segmente leicht zerfallen, könnte man Teile davon ebenso wie die winzigen Scherchen am ehesten in Schlämmproben erwarten. Der bereits im 19. Jahrhundert zu Tage gekommene Holotypus von *Palaeotanais quenstedti* aus Dürnau bei Bad Boll hat leider stark gelitten und ist partiell zerfallen (Schädel et al. 2019), sodass Neufunde dieser Art für eine detaillierte Merkmalsanalyse hochwillkommen wären. Ein solcher artikulierter Fund liegt immerhin aus dem schwäbischen Amaltheenton bereits vor und ist derzeit in Bearbeitung.

Muschelkrebse (Ostracoda)

Die meistens um etwa 1 mm kleinen Muschelkrebse umschließen mit ihrem stark vergrößerten und verkalkten Carapax das gesamte Tier. Entlang einer dorsalen Naht ist der Carapax zweigeteilt und kann – analog zu den Muscheln – stabilisiert durch ein aus Zähnchen und Zahngruben gebildetes Schloss ventral aufgeklappt werden. Im Gegensatz zu den Muscheln, bei denen nur das Schließmuskelsystem an der Schaleninnenseite ansetzt, zeigen die Ostracoden auf der Carapax-Innenseite gattungsspezifisch unterschiedliche Cluster von Muskeln zum Schließen der Klappen und der Bewegung der Gliedmaßen. Oft sind beide Schalenklappen, die teilweise kräftig skulpturiert sind, etwas asymmetrisch, so dass die eine Klappe über die andere hinweggreift. Die Körpersegmentation und die Zahl der Gliedmaßen sind gegenüber anderen Krebstieren deutlich reduziert. Ostrakoden sind seit dem Kambrium bekannt und äußerst anpassungsfähig. Sie leben teils benthisch, teils planktisch, überwiegend im Meer von der Tiefsee bis in den Küstenbereich,

Abb. 7.8: Bei dem Spurenfossil Simonizapfes elongata, das in zahlreichen synsedimentär ausgespülten Kalkgeoden des „Echiniden-Pectiniden-Horizontes" auftritt, handelt es sich um die 1–2 mm großen Wohnbaue acrothoracider Cirripedier. Bei dem rechten Bild weisen die Kratzspuren in der Umrandung der Bohrlöcher darauf hin, dass die Tiere selbst Räubern (vermutlich regulären Seeigeln) zum Opfer fielen. Fotos: J. Evers.

Abb. 7.9: Toarcolepas? lotharingica (Méchin, 1901) aus dem Pleuroceras spinatum-Hauptlager von Buttenheim. A: 12 mm hohe Carina in einer Geode. B: Detail ihrer runzeligen Oberflächenstruktur (leg. J. Schobert). C: 20 mm hohe Carina (leg. B. Neubig). Fotos: J.Evers, H. Keupp.

Abb. 7.10: Weitere Cirripedierreste aus der oberen Spinatum-Zone von Buttenheim (leg. B. Neubig). A: Schematischer Aufbau des Plattenpanzers aus Carina (C), Tergum (T), Scutum (DS) und Rostrum (R). Verändert nach Gale & Schweigert (2016). B: 2 cm hohes Scutum mit Ausschnitt-Vergrößerung der Oberflächenstruktur (C), D: 3 cm hohes Tergum. Fotos: J. Evers, H. Keupp.

aber seit dem Karbon auch im Süß- und Brackwasser, ja sogar im feuchten Boden. Sie ernähren sich von abgestorbenen organischen Resten und verhindern dadurch die Eutrophierung der Gewässer. Ihre Schalen sind typische Bestandteile mikropaläontologischer Schlämmproben. Im Amaltheenton Süddeutschlands ist die Artenvielfalt der Ostrakoden stark eingeschränkt und weitgehend auf glattschalige Formen der Gattungen *Ogmoconcha*, *Isobythocypris* und *Liasina* beschränkt. Häufig sind sie doppelklappig überliefert. Eine nähere Bestimmung dieser merkmalsarmen Gruppe erfordert allerdings Detailkenntnisse des Schlossbaus und der Muskelansatznarben (Malz 1971). Die Bestimmung wird zusätzlich dadurch erschwert, dass sich die Umrisse und Proportionen der Schalen im Zuge jeder Häutung der insgesamt neun Wachstumsstadien ändern und in Folge eines Sexualdimorphismus Männchen und Weibchen unterschiedlich stark gewölbt sein können (Herrig 1969). Die im gesamten Profil von Buttenheim mit Abstand dominante Form entspricht mit ihrem abgerundet dreieckigem Umriss und gewölbtem Dorsalrand der Definition, die Triebel (1950) in seiner Revision der von Quenstedt (1856) aufgestellten Art *„Cypris" amalthei* gibt (7.7). Im tieferen Profilabschnitt (Apyrenum-Subzone) können am Vorder- und/oder Hinterrand feine Stacheln auftreten (7.7D, E), während sie in der oberen Spinatum-Zone glattrandig sind (7.7B, C).

Rankenfüßer (Cirripedia)

Die Rankenfußkrebse sind – abgesehen von ihren planktischen Larvenstadien – eine am Untergrund oder an driftenden Substraten festsitzende Gruppe mariner Krebstiere, deren Spuren sich bis in das Kambrium zurückverfolgen lassen (Glenner et al. 1995). Sie bevorzugen dabei Standorte mit bewegtem Wasser, meist in Küstennähe. Cirripedier ernähren sich durch Filtrieren von Plankton. Unter den heutigen Vertretern sind vor allem die unmittelbar dem Substrat aufwachsenden Seepocken (Balanomorpha) und die mit einem lederigen Stiel verankerten Entenmuscheln (Lepadomorpha) aus der Unterordnung der Thoracica bekannt. Ihr Körper wird von einem Panzer aus Kalkplatten geschützt. Daneben gibt es noch zwei weitere Unterordnungen, die parasitär lebenden Rhizocephala und die in kalkigem Substrat bohrenden Acrothoracica. Die Weibchen der Acrothoracica haben ihren Kalkpanzer im Verlauf ihrer stammesgeschichtlichen Entwicklung vollständig reduziert und ätzen wenige Millimeter große, lang-ovale Löcher in das Kalksubstrat, in denen sie zeitlebens verweilen. Die Wohnhöhlen vergrößern sie bei Bedarf mechanisch mit Hilfe kleiner Chitin-Elemente auf ihrem Kopfbrustschild. Codez & Saint-Seine (1957) etablierten für die charakteristischen jurassischen Wohnbaue (Domichnia) das Spurentaxon *Simnonizapfes elongata*. Ihr häufiges Vorkommen in den angereicherten, synsedimentär aus dem Schlammboden ausgewaschenen Kalkgeoden des „Echiniden-Pectiniden-Horizontes" in Buttenheim belegt bodennahe Bewegtwasser-Verhältnisse während der Bildung dieses Aufarbeitungshorizontes (7.8).

In der erdgeschichtlichen Epoche zwischen der Obertrias und der Unterkreide hatte sich innerhalb der Thoracica eine Gruppe von Entenmuscheln etabliert, die ihren Kalkpanzer gegen einen aus organophosphatischen Platten getauscht hat, die Familie Eolepadidae Buckeridge. Gale & Schweigert (2016) gehen davon aus, dass es sich dabei um epiplanktisch lebende Vertreter der Entenmuscheln handelt, die an Treibholz oder anderen schwimmenden Gegenständen angeheftet lebten. Auf diese Weise konnten sie auch in küstenfernere Ablagerungsräume verdriftet werden. Aus dem Hauptlager von *Pleuroceras spinatum* in der oberen Spinatum-Zone von Buttenheim, kommen – wenn auch äußerst selten – die schwarz glänzenden Platten von *Toarcolepas?lotharingi*ca vor (7.9, 7.10).

Zwei jeweils einer Geode aufsitzende Carinae dieser Art wurden ursprünglich (Keupp 2019) unter der irrtümlichen Annahme, es handle sich hierbei um konische Körper mit ovalem Querschnitt, als Scyphopolypen der neuen Gattung *Liapora* beschrieben (7.10A, B). Die Nachuntersuchung hat jetzt aber gezeigt, dass es sich jeweils um gewölbte Einzelplatten handelt, die dem Scutum von *Toarcolepas* oder *Eolepas* Withers, 1928 ähneln. Inzwischen sind auch aus demselben Fundkomplex von B. Neubig aus dem Jahr 2013 Frontplatten (Terga) dieser Art aufgetaucht (7.10C). *Eolepas* ist u. a. aus dem englischen Rhät und Unterjura bekannt geworden (*E. rhaetica* Moore, 1861, *E. rhomboidalis* Moore, 1867), die meisten Funde stammen jedoch aber aus dem Zeitintervall Mitteljura bis Unterkreide (Gale & Schweigert 2016; Kočí et al. 2015).

Manfred Kutscher & Mike Reich

Die Echinodermen-Fauna des Amaltheentons von Buttenheim

Innerhalb der fossilen Stachelhäuterreste von Buttenheim dominieren Skelettelemente von Seelilien und Schlangensternen]

Stachelhäuter (Echinodermen) sind mit mehr als 20 Klassen eine sehr erfolgreiche Tiergruppe und seit dem frühesten Kambrium bekannt. In unseren heutigen Meeren sind nunmehr nur noch 5 Großgruppen (Crinoidea, Asteroidea, Ophiuroidea, Echinoidea und Holothuroidea; 8.1) mit mehr als 7.400 Arten, vom Flachwasser bis in die Tiefsee, vertreten.

Die ausschließlich meeresbewohnenden Stachelhäuter (Echinodermata) sind heute in zahlreichen Habitaten aller Meere und Ozeane, vom Gezeitenbereich bis in die mehr als 10 km Tiefe reichenden Rinnen im Westpazifik anzutreffen. Auch scheuen einige Echinodermen (Seesterne, Schlangensterne, Seeigel, Seegurken) Brackwasser nicht. Viele Arten besitzen planktische Larven, jedoch lebt der überwiegende Teil der ausgewachsenen (adulten) Stachelhäuter auf und/oder im Meeresboden (Benthos). Allerdings sind auch planktisch/pseudoplanktisch lebende Crinoiden, wie auch aktiv schwimmende Seegurken (Nekton) bekannt geworden. Die meisten Echinodermen sind zwischen 10 und 30 cm groß, aber es gibt auch Formen die adult nur wenige Millimeter groß sind (Holothuroidea) bzw. bis zu 20 m Länge (Crinoidea) erreichen können. Aufgrund der großen Diversität fossiler und heutiger Stachelhäuter ist auch ihre Ernährungsweise sehr vielfältig. Es gibt viele Strudler und Filtrierer, Deposit-/Sedimentfresser und aktive Jäger. Zahlreiche Arten, selbst im Flachwasser, leben eher versteckt (kryptisch) oder sind nachtaktiv und bleiben somit der direkten Beobachtung während des Tages verborgen.

Die nächsten Verwandten der Echinodermen sind die Hemichordata (Kiemenloch-Tiere) und Chordata (Rückensaiten-Tiere). Alle Echinodermen zeigen eine Reihe gemeinsam abgeleiteter Merkmale (Synapomorphien). Dazu gehört u.a. das einzigartige Wassergefäß-System, welches den Stachelhäutern zur Fortbewegung, Atmung und Ernährung dient. Alle heutigen Echinodermata (8.1), im Fossilbericht seit dem Ordovizium vertreten (Lefebvre et al. 2013; Reich et al. 2018: Abb. 5), sind ausgewachsen radiärsymmetrisch – fünfstrahlig (Pentamerie) – wobei in einigen Echinodermenklassen Vertreter mit ausgeprägter (sekundärer) Bilateralsymmetrie vorkommen (Echinoidea, Holothuroidea). Zahlreiche frühe fossile Vertreter der Stachelhäuter (z.B. im Kambrium) weichen von diesem fünfstrahligen Bauplan ab. Das Echinodermenskelett besteht aus Kalziumkarbonat (in Form von Hoch-Magnesium-Calcit) mit verschiedenen Proteinen in Leichtbauweise (Stereomstruktur). Dabei handelt es sich um ein reines Innenskelett, oft aus Tausenden von einzelnen Ossikeln und Skelettelementen, bedeckt von einer Epidermis (Oberhaut). Diese sind mit Bindegewebe und teilweise Muskeln entweder lose oder fest miteinander verbunden.

Naturgemäß zerfallen Stachelhäuter nach dem Tod sehr schnell in ihre einzelnen Bestandteile, so dass im Fossilbericht vor allem disartikuliertes Material zu finden ist. Ausnahmen sind noch im Zusammenhang befindliche artikulierte Funde in verschiedensten Fossillagerstätten (Verschüttungslagerstätten, Stagnate, etc.) oder Echinodermen mit starren Körperkapseln aus festverbundenen Einzelelementen (z. B. die meisten mesozoischen/känozoischen Seeigel, Knospenstrahler, Beutelstrahler).

Dies trifft auch auf viele Stachelhäuter-Funde des fränkischen Unterjuras zu. Diese können im Gelände einfach auf Sedimentoberflächen oder an Hängen, am besten nach einem Regentag, aufgesammelt werden. Umfangreicher wird die Ausbeute jedoch nach gezieltem Aufbereiten, d.h. dem Schlämmen und Sieben fossilführender Sedimente. Heißes Wasser genügt normalerweise bei Tonen oder Silt. Unter Zuhilfenahme von Chemikalien (Wasserstoffperoxid, Tenside, Soda; Wissing et al. 1999) verkürzt sich die Zerfallszeit und aus dem breiartigen Schlamm können die Meso- und Mikrofossilien mittels verschiedener Siebe bzw. Siebgrößen herausgewaschen werden.

Echinodermen aus dem Unterjura Frankens, insbesondere des Pliensbachiums/Toarciums, sind schon seit mehr als 250 Jahren Forschungsgegenstand (Bauder 1771) der Paläontologie, ob in Faunenübersichten (z. B. Kuhn 1935, 1936, 1947; Sieverts-Doreck 1958a; Nützel 2008) oder in systematischen Spezialarbeiten (z. B. Sieverts-Doreck 1958b, 1981; Jäger 1995; Kutscher 1996). Diese komplementieren die oft Mollusken-dominierten Assoziationen (u. a. Nützel 2008; Nützel & Schulbert 2017) in/auf Weichböden, wie auch auf sekundären Hartböden.

Im Folgenden wird eine vorläufige Übersicht zu den in Buttenheim angetroffenen Echinodermen gegeben. Die Referenzen der im Text zitierten Taxon-Autoren können den Arbeiten von Gale (2011), Hess (1999, 2006, 2011, 2014), Thuy et al. (2011); Smith (2015, 2016) und Waltschew (2000) entnommen werden.

Crinoidea (Seelilien und Haarsterne)

Unter den aus den Siebrückständen ausgelesenen Echinodermen-Ossikeln lassen sich die Crinoiden anhand ihrer typischen Stielglieder (Columnalia) (8.2,3) sicher nachweisen. Kommen mehrere Crinoiden-Arten vor (8.2-5), sind diese Stielglieder für eine erste Bestimmung besonders hilfreich. Für eine gesicherte Zuordnung werden allerdings viele weitere Merkmale, wie der Bau des Kelchs und der Arme, benötigt. Liegen dann keine halbwegs kompletten Kelche, Vergleichsexemplare oder nur wenige isolierte Ossikel vor, ist eine Bestimmung oft unmöglich.

8.1: Auswahl verschiedener rezenter Stachelhäuter (A,D. Crinoidea, B. Asteroidea, C. Ophiuroidea, E. Echinoidea, F. Holothuroidea). A. Seelilie Porphyrocrinus cf. verrucosus, B. Seestern Linckia laevigata. C. Schlangenstern Ophiolepis superba. D. Haarstern Heterometra savignii. E. Regulärer Seeigel Heterocentrotus mamillatus. F. Seegurke Bohadschia argus. Fundorte Rotes Meer, Golf von Aqaba (C,D,E) und Süd-Pazifik, Queensland Plateau (A) bzw. Lady Elliot-Insel, Großes Barriere-Riff (B,F). Quellen: M. Reich (B-F), DeepDownUnder-Projekt (A).

8.2: Stielglieder der Seelilie *Balanocrinus subteroides* (Quenstedt, 1856).

8.3: Seelilie *Hispidocrinus schlumbergeri* (de Loriol, 1886), Stielstück mit Zirrenbasen. (Digitallichtmikroskopische Aufnahme).

8.5: Haarsterne. A. *Paracomatula ?liasica* Hess, 2006, Centrodorsale mit Radialia-Ring, Distal-Ansicht. B. *Palaeocomaster benthuyi* Hess, 2014, Centrodorsale, Adoral-Ansicht. C. Comatulida, gen. et sp. indet. (REM-Aufnahmen: A, B; Digitallichtmikroskopische Aufnahme: C).

.4: Seelilien-Ossikel. A. *Hispidocrinus schlumbergeri*, Internodale. B. *Balanocrinus ubteroides*, Nodale mit Zirrenbasen. C. *Chariocrinus wuerttembergicus* (Oppel, 856), Internodale. D. *Isocrinus basaltiformis* (Miller, 1821), Brachialia. E-F. *entacrinites dichotomus* (McCoy, 1848), E. Zirrenglied, F. Nodale mit kleinem nternodale. (REM-Aufnahmen: A-C; Digitallichtmikroskopische Aufnahmen: D-F).

Alle Abbildungen/Fotos in diesem Kapitel, soweit nicht anders angegeben: M. Reich/M. Kutscher.

Alle Maßstabsbalken: 1 mm. (Digitallichtmikroskopische Aufnahmen).

In Buttenheim sind von den gestielten Crinoiden (Seelilien) nur solche vertreten, die sich mittels ihrer Zirren (Seitenranken), die in einer vogelfußähnlichen Kralle enden, an anderen Objekten festhalten konnten. Arten, die sich mit einer Haftscheibe auf festem Untergrund anheften, fanden wegen des schlammigen Meeresbodens kaum ausreichende Lebensbedingungen vor. Die Zirrenbasen befinden sich in Fünfzahl in seitlichen Gruben der Nodalia; dies sind besondere Columnalia, die sich innerhalb der Stiele in bestimmten Abschnitten wiederholten (8.3). Nur durch die Nodalia wird eine gewisse Bewegung des Stiels ermöglicht, da ihre Unterseite, im Gegensatz zu ihrer Oberseite und allen anderen Columnalia nahezu keine Struktur aufweist, sondern glatt ist. Allerdings sind diese Stellen dadurch auch bruchanfälliger, so dass sich auch bei den vielen in Buttenheim vorgefundenen Stielstücken die Trennungsstellen oft an eben solchen Nodalia befinden. Zwischen den Nodalia befinden sich die manchmal etwas kleineren Internodalia, deren jeweilige Anzahl in gewissem Maße gattungsspezifisch sein kann.

Im Ober-Pliensbachium von Buttenheim sind mit *Balanocrinus subteroides* (Quenstedt, 1856) (8.2,4B), *Hispidocrinus schlumbergeri* (de Loriol, 1886) (8.3,4A) und *Isocrinus basaltiformis* (Miller, 1821) (8.4D) Vertreter aus drei Gattungen der Familie Isocrinidae vorhanden. Während von *Isocrinus basaltiformis* nur wenige, relativ große Brachialia vorliegen, sind Stielglieder und weitere Ossikel der beiden anderen Arten relativ häufig. Allerdings schwankt die Artenhäufigkeit auffällig. Im „Echiniden-Pectiniden-Horizont" überwiegen Elemente von *Balanocrinus subteroides*, während in einer Probe aus tieferen Bereichen *Hispidocrinus schlumbergeri* vorherrscht. Dieser Unterschied ist möglicherweise faziell bedingt. Die Stielglieder von *Balanocrinus* sind im Allgemeinen von rundem Querschnitt (8.2). Lediglich die zirrentragenden Nodalia besitzen aufgrund der Zirrenbasen, von oben gesehen, einen sternförmigen Umriss (8.4B), der auch auf dem nachfolgenden Internodale noch zu beobachten ist. Allgemein stehen bei dieser Gattung zwischen den Nodalia sieben Internodalia. Die Außenfläche der Stielglieder ist strukturlos glatt.

Die Columnalia von *Hispidocrinus schlumbergeri* sind alle deutlich sternförmig (8.4A). Zwischen den Nodalia stehen meist fünf Internodalia, möglich sind aber auch bis zu zehn. Jäger (2020, briefl. Mitt.) betont, dass an anderen Fundpunkten diese Serie (sogenannte Noditaxis) zumeist bei vier liegt. Auffällig ist die horizontale Granulation auf der Außenfläche der Stielglieder. Die Stielglieder von *Isocrinus basaltiformis* ähneln denen von *Hispidocrinus*, sind aber deutlich größer und weisen an den Ecken eine senkrechte Granulation auf.

Ergänzend wurden vier Proben ausgewertet, die direkt bzw. in 20, 30 und 100 cm Entfernung über dem Belemnitenhorizont im Unteren Toarcium genommen wurden. Der gelblich verwitterte Posidonienschiefer war bis auf häufige, undefinierbare Fischreste fossilarm, zeigte jedoch, unter Berücksichtigung der geringen Probemengen, auffällige Unterschiede zum Pliensbachium. Diese betrafen auch die Crinoiden. Keine der vorstehenden Seelilien-Arten ließ sich in den Proben nachweisen. Stattdessen traten einige kleine, gerundet fünfeckige Columnalia mit glat-

8.6: Ossikel von Seesternen. A. Tropidaster pectinatus Forbes, 1850, Ambulakralia und Adambulakralia, Paxillen. B. Astropectinidae gen. et sp. indet. (Digitallichtmikroskopische Aufnahmen).

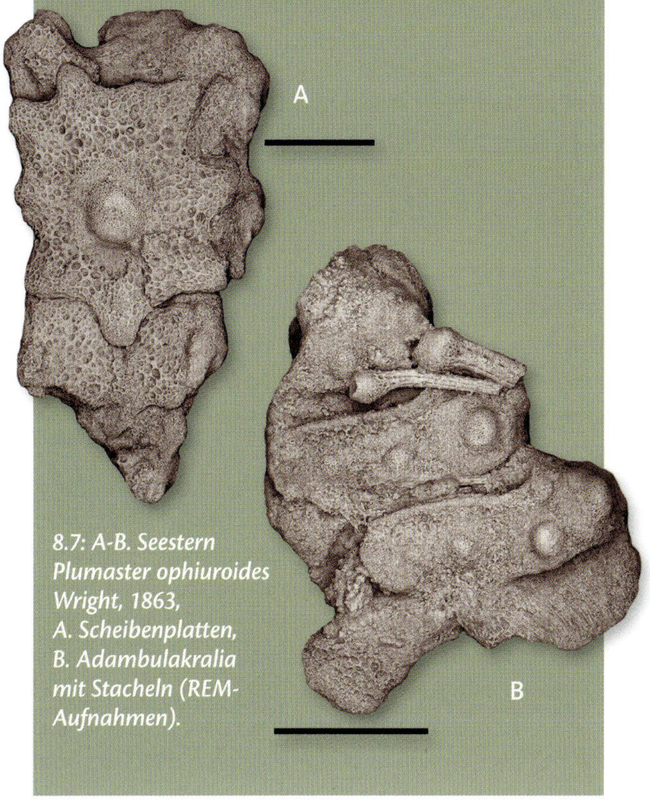

8.7: A-B. Seestern *Plumaster ophiuroides* Wright, 1863, A. Scheibenplatten, B. Adambulakralia mit Stacheln (REM-Aufnahmen).

ter Außenfläche von *Chariocrinus wuerttembergicus* (Oppel, 1856) auf (8.4C). Die Hauptverbreitung dieser Art liegt im Ober-Toarcium und Unter-Aalenium. Häufiger waren deutlich sternförmige Columnalia, deren Nodalia durchweg Zirrenbasen besitzen. Die Ränder sind gezackt und die Ecken laufen bei guter Erhaltung in eine Art „Dorn" aus. Diese Stielglieder gehören zu *Pentacrinites dichotomus* (McCoy, 1848) (8.4E, 8.4F). Es handelt sich hierbei um eine kurzstielige Art, die sich mit ihren zahlreichen Zirren an driftendem Treibholz oder anderen in der Wassersäule schwimmenden Substrate anheftet (Hess 1999). Charakteristisch hierfür sind die typischen breiten, rautenförmigen Zirrenglieder und die kleinen, zwischen den Nodalia eingeschobenen, stumpf-fünfeckigen, fast versteckten Internodalia.

Gestielte Crinoiden sind seit dem frühen Ordovizium bekannt (Lefebvre et al. 2013), wohingegen die in heutigen Ozeanen dominanten Haarsterne (Comatulida) erst seit dem Unterjura (Hettangium) im Fossilbericht vertreten sind (Hess 2014). Die frei lebenden Haarsterne besitzen nur im Jugendstadium einen kurzen Stiel mit Haftscheibe. In der weiteren Entwicklung reduziert sich dieser und bildet dann mit dem obersten Stielabschnitt und den Infrabasalia das mehr oder weniger konische, zirrentragende Centrodorsale (Kelchbasis). Daran schließen sich die Kelchplatten an, auf welche die Armelemente folgen.

Die Bestimmung fossiler Comatuliden-Arten basiert zumeist auf isolierten Kelchen, die mit dem Centrodorsale verbunden sind. Oftmals bereitet dies jedoch taxonomische Probleme, da wichtige Merkmale, etwa zu Armverzweigungen, fehlen. Bei intakten Exemplaren sind die Centrodorsalia hingegen meist verdeckt oder nur undeutlich erkennbar (Hess & Messing 2011). Bei den Buttenheimer Funden handelt es sich um Centrodorsalia mit einem Durchmesser von etwa 0,8 bis 1,2 mm und ebensolcher Höhe. Lediglich zwei Exemplare, bei denen auch die Primibrachialia erhalten sind, haben einen Durchmesser von ca. 2,5 mm. Infolge der Pyritisierung sind Plattengrenzen jedoch kaum sicher auszumachen. Hess (2006, 2014) gibt für das europäische Pliensbachium *Paracomatula liasica* Hess, 2006 (8.5A) und *Palaeocomaster benthuyi* Hess, 2014 (8.5B) an, zu denen auch diese Funde gehören dürften.

Eine verdrückte, 9 mm lange und 5 mm breite Crinoide verdient besondere Beachtung, da sie wie der Kelch einer gestielten Seelilie anmutet, im unteren Bereich jedoch Zirrenbasen aufweist, die für eine Comatulide sprechen (8.5C). Aufgrund der Verdrückung sind Plattengrenzen von Bruchlinien kaum zu unterscheiden, wodurch eine genaue Zuordnung erschwert wird. Ob es sich um eine Übergangsform handeln könnte, kann nur der Vergleich mit weiteren Funden aufzeigen.

Asteroidea (Seesterne)

Seesterne sind frei bewegliche Stachelhäuter mit großer Körperscheibe, deren meist fünf (oder mehr) Arme zur Spitze hin immer schmaler werden. Sie besitzen, wie auch alle anderen heutigen Echinodermen (Schlangensterne, Seeigel und Seegurken), ein ausgeprägtes Regenerationsvermögen.

Das Seestern-Skelett besteht aus zahlreichen unterschiedlichen Elementen wie Marginalia (Randplatten), Ambulakralia, Adambulakralia, Mundeckstücken, Circumoralia, Zwischenplatten, Terminalia, Stacheln, Pedizellarien (Greifzangen) u. a. (Sieverts-Doreck 1958c). Vollständige fossile Seestern-Funde sind rar; zumeist zerfallen sie in Tausende Einzelteile. Wenn in den untersuchten Fundschichten mehrere Arten vorkommen, aber keine teilweise zusammenhängenden Vergleichsstücke existieren, ist eine Zuordnung der meist mikroskopisch kleinen Ossikel schwierig. Abhilfe kann hier nur eine kombiniert mikro- und makropaläontologische Arbeitsweise bringen, bei der artikulierte Funde äußerst detailliert dokumentiert werden. Dies steht und fällt jedoch mit dem Erhaltungszustand derartiger Funde. Pyrit- oder Abdruckerhaltungen sind hierbei leider auch nur eingeschränkt nutzbar.

Im Amaltheenton von Buttenheim kommen mehrere Seestern-Arten vor (8.6, 8.7). Aus dem EPH-Bereich ließen sich von einer Art aufgrund einer frühdiagenetischen Pyritisierung zusammenhängende Armreste finden, deren Teile zu den häufigsten und größten gehören. Dabei handelt sich um *Plumaster ophiuroides* Wright, 1863 (8.7). Diese Art, mit 12–22 Armen (Gale 2011), liegt aus dem Pliensbachium von England bereits in kompletterer Erhaltung vor und kann daher als Vergleich herangezogen werden. Typische Einzelelemente sind unregelmäßig sternförmige, flache Zwischenplatten, die mit einer großen Warze versehen sind, sowie Adambulakralia, die mit einer Reihe von Stachelbasen (für kräftige, längsgerippte und sehr spitze Stacheln) ausgestattet sind. Letztere verfügen außerdem über senkrecht zur Stachelbasen-Reihe entwickelte, teils geriefte Fortsätze, auf die sich benachbarte Adambulakralia aufschieben konnten.

Bis zu sieben Stachelbasen besitzen auch die Adambulakralia von *Tropidaster pectinatus* Forbes, 1850 (8.6A). Diese Art ist auch aus anderen Pliensbachium-Vorkommen bekannt (z. B. in Frankreich; Thuy et al. 2011). Ihre Zwischenplatten sind sogenannte Paxillen, Scheiben mit säulenartigem Schaft, auf dessen verbreitertem Ende Stachelbündel oder kleine Dornen standen.

Neben diesen sehr auffälligen Seestern-Ossikeln kommen zahlreiche weitere, verschieden ausgebildete Marginalia, Ambulakralia, Adambulakralia und Terminalia der Asteroidea vor. Die in Größe und Gestalt unterschiedlichen Randplatten tragen auf der Außenfläche Granulen und teilweise auch Stachelwarzen. Sie können Astropectiniden (8.6B), wie z. B. *Plesiastropecten hallovensis* Peyer, 1944, *Savignaster* spp., teilweise aber auch Goniasteriden zugeordnet werden. Eine moderne taxonomische Bearbeitung steht noch aus.

Ophiuroidea (Schlangensterne)

Schlangensterne sind frei bewegliche, meist fünfarmige Stachelhäuter, deren Körperscheibe nicht wie bei den Seesternen in die Arme übergeht. Diese sind von der Körperscheibe deutlich abgesetzt und reichen auf der Unterseite bis an die Mundöffnung heran. Unter den Echinodermen-Ossikeln von Buttenheim sind die der Ophiuren wohl am zahlreichsten. Diese Überzahl ist zum einen in der höheren Arten- und Individuenzahl begründet, zum anderen basiert sie auf der hohen Zahl der Einzelelemente eines Schlangensterns. Allein ein Armsegment besteht (ohne Berücksichtigung der Stacheln und Tentakelschuppen) aus dem inneren Wirbel, zwei Seiten- und jeweils einem Dorsal- und Ventralschild. Dabei sind weniger als 30 Segmente je Arm eher die Ausnahme.

Da auch Schlangensterne in ihre Einzelteile zerfallen, ergeben sich ähnliche Zuordnungsprobleme wie bei den Seesternen. Hess (1962) hat untersucht, welche Skelettelemente der Schlangensterne für eine Bestimmung die meisten Merkmale liefern und stellte dabei fest, dass alle Scheibenossikel, einschließlich der Armwirbel, nur in prozentual wenigen Fällen entscheidende Hinweise für die taxonomische Zuordnung geben können. Lediglich die Lateral- (Seiten-) Schilder weisen eine ausreichende Anzahl von Merkmalen auf, um sie eindeutig auf Artebene voneinan-

8.8: Schlangenstern-Ossikel von Palaeocoma milleri (Phillips, 1829), Lateralia und Wirbel. (Digitallichtmikroskopische Aufnahme).

der zu unterscheiden. Dicke und Krümmung der Schilder, Ausbildung der Außen- und Innenfläche, Struktur der Außenfläche sowie Ausbildung, Lage und Anzahl der Stachelwarzen lassen Schlussfolgerungen über den Bau der Wirbel und der Arme, der Stachelwehr, sogar über die Lebensweise und schließlich eine taxonomische Zuordnung zu. In den letzten drei Jahrzehnten wurde damit begonnen, auch die einzelnen Elemente rezenter Ophiuren elektronenmikroskopisch zu untersuchen. Dies führte teilweise zu völlig neuen Ergebnissen und bedeutete auch, dass diese, auf das Fossilmaterial übertragen, neue Zuordnungen und Verwandtschaften ergeben, die zu einer Namensänderung zuvor aufgestellter fossiler Arten führen.

Die nachfolgende Beschreibung nimmt vorrangig Bezug auf die Lateralschilder, mit Verweis auf eine vorgesehene detaillierte Bearbeitung der Buttenheimer Ophiurenfauna. Aus dem Pliensbachium liegen derzeit 14 Ophiuren-Arten vor (vorbehaltlich der Änderungen nach erfolgter Bearbeitung). Von acht Arten sind zumindest Teilstücke der Arme erhalten, die eine Aussage über die Stellung der Lateralia zueinander erlauben. Zu den bekanntesten und häufigsten Arten, die auch in allen untersuchten europäischen Liasvorkommen nachweisbar sind, gehören zwei ganz unterschiedliche Formen, *Palaeocoma milleri* (Phillips, 1829) (8.8, 8.9A) und *Sinosura brodiei* (Wright, 1866) (8–9B, 8.9C). Während *Palaeocoma milleri* mit einem Scheibendurchmesser von etwa 25 mm die größte (und auch gut fossil überlieferbare) Art ist, muss *Sinosura brodiei* als filigrane (und weniger gut überlieferbare) Ophiure bezeichnet werden. Aus dem EPH-Bereich liegen aufgrund der Pyritisierung komplette Scheiben mit Armansätzen vor. Diese Scheiben haben einen Durchmesser von etwa 2 mm. Das entspricht allerdings nicht der realen Größe eines adulten Exemplars, dessen Scheibendurchmesser bei ca. 8 mm liegt. Typisch für letztere Art sind die hauchdünnen Lateralschilder, die im Querschnitt scheibennah (proximal) bogenförmig, in der Armmitte gewinkelt und zum Armende (distal) hin halbkreisförmig sind. Beträgt die Schildhöhe proximal das 1,5fache der Breite, so liegt das Verhältnis distal bei 0,3. Im gesamten Grenzbereich zwischen distaler Zunge und gestreifter Außenfläche tragen die Schilder sechs bis sieben kleine, aber deutliche Warzen, die auf eine abstehende Stachelwehr schließen lassen. Die „Bestachelung" der *Palaeocoma milleri*-Schilder (Höhe ca. 5 mm) besteht dagegen aus kleinen Dornen, die in den Kerben am Distalrand liegen und deren Zahl und Lage stark variiert. Die Lateralschilder sind kaum gebogen, sodass sie durch die Dorsal- (oben) und Ventralschilder (unten) voneinander getrennt werden. Eine derartige Bestachelung suggeriert eine eingegrabene Lebensweise, welche für viele Ophiuren zutrifft, von denen oft nur die Armspitzen aus dem Meeresboden herausschauen. Bei der wahrscheinlich abstehenden Stachelwehr von *Sinosura* ist eine derartige Lebensweise kaum anzunehmen. *Sinosura* wird wohl kletternd auf Hartgründen gelebt haben. Die Lateralia der anderen, bisher nicht zitierten zwölf Arten, sind weniger grazil gebaut wie *Sinosura brodiei*, teilweise jedoch recht klein. Größere Lateralschilder (Höhe >2 mm) besitzen *Ophiogojira* spp., *Inexpectacantha* spp. und vor allem Ophiurina gen. et sp. nov. (8.9D) sowie ein Vertreter der Ophiodermatidae (8.9E). Die Lateralia von *Ophiogojira* sind durch die Parallelität der Dorsal- und Ventralseite relativ gut kenntlich, während die drei Warzen kaum

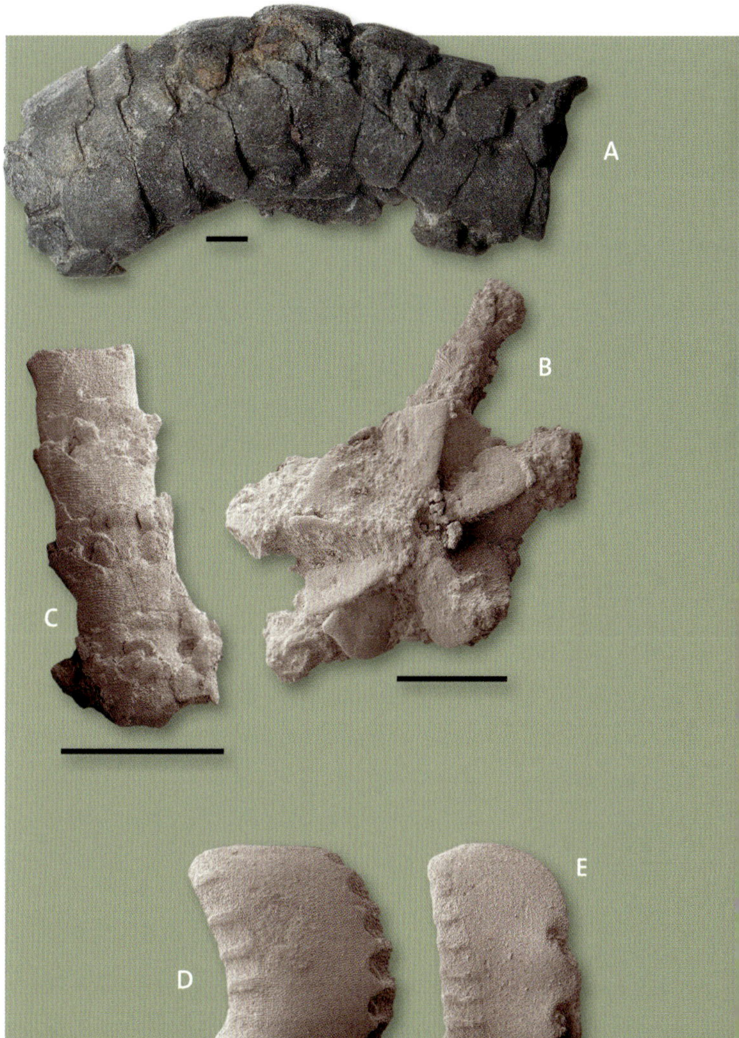

8.9: Schlangensterne. A. Palaeocoma milleri, Armstück, ventral. B-C. Sinosura brodiei (Wright, 1866), B. Zentralscheibe mit Armansätzen, Dorsal-Ansicht, C. Armsegmente mit deutlicher Querstreifung. D. Ophiurina gen. et sp. nov. E. Ophiodermatidae gen. et sp. indet. (Digitallichtmikroskopische Aufnahme: A; REM-Aufnahmen: B-E; Fotovorlagen B-E: B. Thuy).

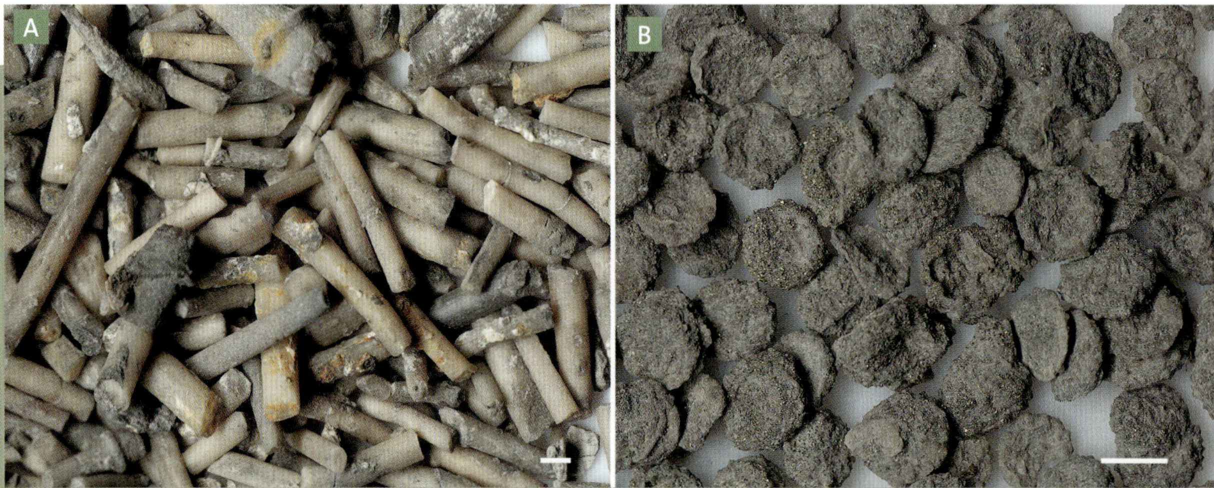

8.10: Seeigel. A. Procidaris edwardsii (Wright, 1854), Stacheln und Stachel-Bruchstücke. B. Cunidentechinus sp., juvenile Gehäuse, größtenteils pyritisiert. (Digitallichtmikroskopische Aufnahmen: A, B).

sichtbar sind. Die Seitenschilder von *Inexpectacantha* sind in Scheibennähe bananenförmig. Ihre acht bis neun Warzen sind klein, aber gut auf der ansonsten skulpturlosen Oberfläche zu erkennen. Die Lateralia von Ophiurina gen. et sp. nov. und der Ophiodermatidae-Art ähneln sich, vor allem auch aufgrund der deutlichen Pfeiler am Proximalrand. Allerdings ist die Stellung der Stachelwarzen deutlich unterschiedlich. Bei Ophiurina gen. et sp. nov. liegen sie in Kerben und gleichmäßigem Abstand zueinander, die der anderen Art liegen deutlich vom Rand entfernt und mit einem gewissen Abstand zwischen der unteren und der oberen Warze.

Sind diese Merkmale noch mit einer gewöhnlichen Lupe zu sehen, so ist die Unterscheidung bei kleineren Arten wie *Lapidaster hystricarboris* Thuy, 2013, *Dermocoma toarcensis* (Hess, 1962), *Enakomusium* sp., *Eirenura* sp. und Vertretern der Ophiolepidoidea und Ophiopyrgidae ohne Mikroskop kaum zu erkennen.

Echinoidea (Seeigel)

Im Buttenheimer Amaltheenton konnten bisher drei Seeigel-Arten nachgewiesen werden. Zwei gehören zur Ordnung Cidaroida und eine zur Stammgruppe Carinacea.

Procidaris edwardsii (Wright, 1854)
Die mit etwa 1 cm Breite recht großen Interambulakral- (Nichtporen-)Platten fallen durch ihre dominante Warze und den großen Warzenhof auf (8.11A), welcher in den der Nachbarplatte übergeht. Die Warze ist durchbohrt und grob gekerbt (etwa zwölf Kerben) (8.11D). Die den Warzenhof seitlich

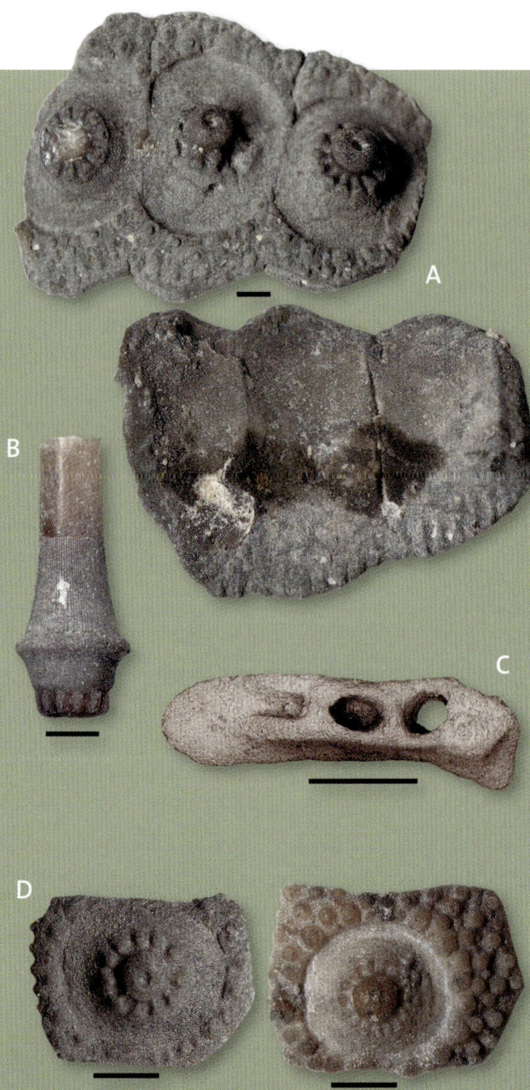

8.11: Seeigel. A-D. Procidaris edwardsii (Wright, 1854), A. Interambulakral-Platte, Außen- und Innenansicht (Außenseite unten mit Fortsätzen zum Aufschieben der Nachbarplatten; Innenseite am adradialen Rand mit Furchen), B. Stachel (unterer Bereich), C. Ambulakral-Platte mit Grube und Porenpaar, D. Interambulakral-Platte. E. Cidaridae gen. et sp. indet., Interambulakral-Platte (Digitallichtmikroskopische Aufnahmen: A, B, D, E; REM-Aufnahme: C).

begrenzenden Scrobicularwarzen sind nicht durchbohrt oder gekerbt und stehen weit auseinander, sodass sich kleine Granulen dazwischenschieben können (Anzahl der Scrobicularwarzen etwa zwölf). Die Platten sind dachziegelartig (imbrizierend) angeordnet. Aufgrund dieser „altertümlichen Bauweise" können sich die Platten gegenseitig auf- oder unterschieben. Deshalb haben die IA-Platten auf der Unterseite am adradialen Rand Furchen ausgebildet, in die sich die Ambulakral- (Poren-)Platten einschieben. Auch an den Plattenrändern der IA-Platten gibt es kleine Fortsätze zur Auflagerung der benachbarten Platte. Adradial ist der Plattenrand gezahnt, was der Unterschiebung der A-Platten dient. Die Porenplatten tragen je ein Porenpaar mit relativ großen Poren (8.11C) und zumeist eine weder durchbohrte noch gekerbte Sekundärwarze. Jede dritte Platte ist jedoch größer und deren Warze ist durchbohrt. Die Platten sind, um sich unterschieben zu können, adradial abgeflacht. Auf den A-Platten befindet sich zwischen dem adradialen Rand der IA-Platte und dem Porenpaar jeweils eine längliche Vertiefung, deren Bedeutung unklar ist. Die Stacheln dieser Art sind lang, zylindrisch, glatt, bedornt oder mit Längsleisten versehen (8.10A, 8.11B).

Generell verwundert die geringe Zahl der aufgesammelten A-Platten (IA: A = 70 : 10), da allein an eine IA-Platte am Ambitus sieben bis acht A-Platten grenzen.

Cidaridae gen. et sp. indet.

Von dieser Art liegen derzeit sieben Interambulakralplatten vor. Die durchbohrte Primärwarze ist weniger dominant als bei *Procidaris edwardsii* (8.11E) und sie ist feiner gekerbt (etwa 15 Kerben). Der kleinere Warzenhof ist von einem geschlossenen Ring von Scrobicularwarzen umgeben (> 15) (8.11E), sodass kein Übergang zur Nachbarplatte besteht. Sie sind kaum größer als die deutlichen Granulen, welche die freie Außenfläche gleichmäßig besetzen. Der adradiale Plattenrand ist nicht gezahnt, jedoch leicht zur Unterseite geneigt, ohne eine deutliche Furchenbildung. An den Plattenrändern gibt es keine Fortsätze. Da keine A-Platten vorliegen, ist eine gesicherte Bestimmung derzeit nicht möglich.

***Cunidentechinus* sp.**

Diese Art ist, trotz kaum mehr als 10 mm Durchmesser, der wohl häufigste Seeigel in Buttenheim. Besonders im EPH-Bereich haben pyritisierte, vollständige Coronen (8.10B, 8.12C) nur etwa 1,8 mm Durchmesser. Die IA-Felder besitzen zwei Plattenreihen mit je zehn bis zwölf Platten (8.12A, 8.12D, 8.12E). Ihre

8.12: Seeigel Cunidentechinus sp. A. Gehäuse-Bruchstück, Interambulakralfeld und zwei Ambulakralfelder (Adoral-Ansicht). B. Kieferapparat mit zwei gekielten Zähnen. C. Juveniles Gehäuse, Oralseite. D-E. Teile des Ambulakralfeldes, D. Ambitus, E. in Adoral-Ansicht. F. Stachel. (REM-Aufnahmen: A-C, E; Digitallichtmikroskopische Aufnahmen: D, F).

Höhe beträgt etwa 50 % der Plattenbreite. Auf jeder Platte steht mittig eine durchbohrte und gekerbte Warze, die fast die gesamte Plattenhöhe einnimmt. Die freien Flächen sind von kleinen Sekundärwarzen und Granulen besetzt (8.12). Dieses Material entspricht damit den beschriebenen Merkmalen von *Cunidentechinus minutus* (Buckman in Murchison, 1845) in Smith (2016; Ober-Sinemurium bis Unter-Pliensbachium, England). Allerdings weicht der Bau der A-Felder von der Beschreibung und Abbildung in Smith (2016: Text-Abb. 12F–G) ab und entspricht auf dem ersten Blick eher der Plattenanordnung, die Smith z. B. für *Glyptodiadema granulata* (Wilson in

8.13: Radiale (R) und interradiale (IR) Kalkring Elemente einer noch unbeschriebenen Seegurk (Apodida, gen. et sp. nov. (Digitallichtmikroskopisc Aufnahme).

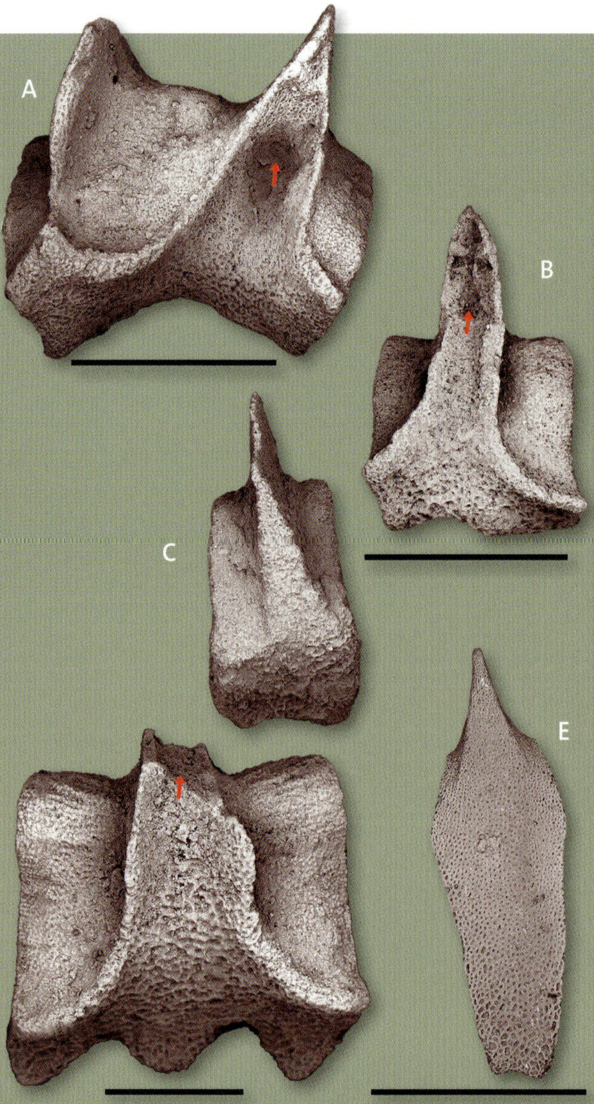

8.14: Seegurken-Kalkring-Elemente. A-D. Apodida, gen. et sp. nov., A. linkes dorsales R (= RIV), Außen-Ansicht, B. rechtes ventrales R (= RIII), Außen-Ansicht, C. ?rechtes ventrales IR (= IR2), Außen-Ansicht, D. mittiges ventrales R (= RI), Außen-Ansicht. E. Molpadida gen. et sp. indet., linkes ?ventrales (oder dorsales) IR (= IR1 oder IR3), Außen-Ansicht. Die roten Pfeile in den R markieren die Position der Durchtritts-Öffnung (Perforation) für den Radialnerv (REM-Aufnahmen).

Wilson & Crick, 1889; Ober-Pliensbachium Englands) gibt (Smith 2016: Text-Abb. 12B–D). Jedoch weicht diese Art in der Gesamtmorphologie stark ab. Hildner (2020) benennt die Echiniden aus dem Amaltheenton von Mistelgau in Anlehnung an Smith als *Cunidentechinus minutus*. Seine Abbildungen zeigen aber deutlich, dass der Bau der Porenzonen von der Beschreibung in Smith (2016) abweicht. Eine Berichtigung der Beschreibung dieses Echiniden scheint somit notwendig.

Die bisher aus dem Buttenheimer Amaltheenton nachgewiesenen Seeigel sind alle sehr klein und lebten wohl als Detritusfresser auf dem Meeresboden (Epibenthos).

Holothuroidea (Seegurken)

Apodida gen. et sp. nov.

In den gröberen Siebrückständen fallen die in einigen Lagen häufiger vorkommenden Kalkring-Elemente (8.13) von Seegurken auf. Diese sind früher oft übersehen oder als Ophiuren-Skelettelemente fehlbestimmt worden. Jedoch sind diese Teil des Kalkrings, der sich im Inneren hinter dem Mund befindet und als Ansatz und Stütze für das Wassergefäßsystem, Nervensystem und die Längsmuskeln der Seegurken dient. Der Kalkring ist komplex gebaut und besteht normalerweise aus fünf radialen und fünf (oder mehr) interradialen Elementen, wobei erstere (8.14A, 8.14B, 8.14D) die diagnostischen Ossikel sind. Aus Buttenheim konnten mehrere hundert radiale (R) und interradiale (IR) Kalkring-Elemente geborgen werden (8.13). Das vorliegende Material erinnert aufgrund der Morphologie an einen Vertreter der Myriotrochidae, gehört aber möglicherweise zusammen mit den ebenfalls nachgewiesenen rädchenförmigen Ossikeln (‚*Theelia*' *florida*) (8.15) zu einer einzigen Art (Stammgruppenvertreter der

Myriotrochidae/Chiridotidae). Diese meist kleinen, wurmförmigen Apodida (füßchenlose Seegurken) sind semi-infaunale Detritusfresser, die den Meeresboden mit großen Individuenzahlen durchwühlen.

‚*Theelia*‘ *florida* (Terquem & Berthelin, 1875)

Aus feineren Siebrückständen (ca. 0,1–0,5 mm) können mithilfe eines Binokulars auch die mikroskopisch kleinen Ossikel der Seegurken-Körperwand isoliert und ausgelesen werden. Unter günstigen Umständen können diese in kumulierter Form in situ (8.15A) (sozusagen als fossilisiertes Hautstück) überliefert vorliegen. Die aufgefundenen einzelnen rädchenförmigen Ossikel (8.15A, 8.15B) weisen eine gewisse Variabilität in der Speichenzahl auf (adult: acht bis zehn; juvenil bis zu 14). Die morphologischen Details der Nabe weisen diese als Vertreter der Familie Chiridotidae (Apodida) aus; allerdings besitzen die „Rädchen“ der modernen Chiridotiden normalerweise nur sechs, in Ausnahmefällen sieben Speichen. Zu diesem Taxon zugehöriges Material wurde auch unter anderen, teilweise synonymen Namen, wie *Hemisphaeranthos florida*, *Chiridotites floridus*, *Theelia floridana*, *Theelia mortenseni*, *Theelia terquemi* publiziert. Die hier nachgewiesene Art, ursprünglich aus Lothringen beschrieben, scheint für Pliensbachium-Ablagerungen typisch zu sein, so z. B. in Nord- und Mitteldeutschland (Bartenstein 1936: Abb. 9; Wicher 1938: Taf. 27, Abb. 12; Pietrzeniuk 1961: Taf. XIII, Abb. 21; Kristan-Tollmann 1986: Taf. 30, Abb. 1–12; Beutler et al. 1996: Taf. 10, Abb. 3), Württemberg (Mortensen 1937: Taf. IV, Abb. 2) und auch in Franken (Waltschew 2000: Taf. 3, Abb. 30–31).

Eine Revision aller mesozoischen rädchenförmigen Holothurienossikel steht noch aus.

Molpadida gen. et sp. indet.

Nur als Einzelfunde liegen derzeit zwei interradiale Kalkring-Elemente (8.14E) vor, die den molpadiden Seegurken zugeordnet werden können. Derartige Elemente unterscheiden sich deutlich von denen der Apodida in ihrer länglichen Gestalt und dem Vorhandensein kurzer posteriorer Fortsätze. Radiale Kalkring-Elemente, welche die eindeutige Zuordnung zu einer Familie (Molpadiidae oder Caudinidae) ermöglichen würden, fehlen leider bisher. So auch die für diese Familien zugehörigen Ossikel der Lederhaut. Bei Vertretern der Molpadida handelt es sich um rein infaunal (im Sediment) lebende Holothurien, die oft in großer Anzahl vorkommend entscheidend zur Biomasse des Makrobenthos beitragen.

8.15: Seegurken-Ossikel. A-B. ‚Theelia‘ florida (Terquem & Berthelin, 1875). A. Hautstück mit zahlreichen Ossikeln. B. Unterseite eines (mit Sediment zugesetzten) Rädchens, Falschfarben-Ansicht nach Elementanalyse (REM- Aufnahmen).

Alle bisher aus dem Amaltheenton von Buttenheim nachgewiesenen Seegurken sind typische Weichboden-Bewohner, die zur Durchwühlung des dortigen Meeresbodens und somit zum Sauerstoffeintrag in diesen beigetragen haben.

Dank: Unser Dank gilt Helmut Keupp für die Einladung am Buttenheim-Sonderheft mitwirken zu dürfen. Johann Schobert (Hirschaid), Helmut Keupp (Berlin), Alexander Nützel (München) und Birgit Steber (Leibersdorf) stellten freundlicherweise Material zur Verfügung. Unseren Echinodermenkollegen Andrew S. Gale (Portsmouth), Manfred Jäger (Rosenfeld), Martin Röper (Solnhofen) und Ben Thuy (Luxembourg) danken wir für Diskussionen zum Material. Einiges Bildmaterial wurde von B. Thuy und dem Deep Down Under-Projekt (G. Wörheide, J. Reitner) angefertigt und bereitgestellt. Imelda M. Hausmann (München) danken wir für technische Hilfe und Tanja R. Stegemann (Regensburg) für die kritische Durchsicht des Manuskripts.

Helmut Keupp

Fische aus dem Amaltheenton

Fische verwesen nach ihrem Tod schnell. Im Normalfall gelangen deshalb außerhalb von Fossilagerstätten mit Konservat-Bedingungen nur ihre mineralischen Hartteile disartikuliert in das Sediment. Im Amaltheenton von Buttenheim sind sie durch Haie (Chondrichthyes) und Knochenfische (Osteichthyes) vertreten, wobei die Haie vorherrschen.

Eine vollständige Erfassung und wissenschaftliche Bearbeitung der artenreichen Fischfauna Buttenheims steht noch aus, weshalb wir hier auf taxonomische Zuordnungen weitgehend verzichten. Die Fische standen als typische Nekton-Organismen der freien Wassersäule über die Nahrungsnetze in einer engen Wechselbeziehung mit der übrigen Lebewelt des Amaltheentons. Dies belegen zum Beispiel charakteristische Kratzspuren und Biss-Verletzungen an Ammoniten-Gehäusen (→ 6.14, 6.15, 6.18; Keupp 2017).

Haie

Abgesehen von einigen bis zu 2 cm langen Haifischzähnen (z.B. *Sphenodus* (9.2) und Hexanchiformes: Simonsen 2012) rangieren die meisten Fischzähne in mikropaläontologischen Dimensionen von wenigen Millimetern Größe und sind daher regelmäßig in Schlämmproben zu finden (9.1).

Die taxonomische Zuordnung isolierter Haizähne ist meistens schwierig, da ihre Gestalt je nach Position im Kiefer stark variiert. Die Buttenheimer Haifauna enthält diverse Zahntypen, die auf unterschiedliche Nahrungspräferenzen hinweisen (Capatta 2012). So war beispielsweise *Sphenodus* (9.3), dessen schlanke Vorderzähne zum Greifen und Zerreißen unterschiedlicher Beutetiere geeignet waren, vermutlich ein gewandter Räuber, der vor allem in küstennäheren Schelfregionen von Fischen und Tintenfischen lebte (Böttcher & Duffin 2000).

Dagegen weisen die zusammengesetzten, mehrzackigen Zähne der eher im küstenferneren Schelf aktiven hexanchiformen Haie auf ein Zerschneiden ihrer Beute hin.

Stark abgeflachte Zähne (9.1 oben links) ermöglichten das Knacken von hartschaligen Wirbellosen. Stumpf & Kriwet (2019) gehen deshalb von einer bodenorientierten Lebensweise aus, ähnlich wie viele moderne Rochen. Möglicherweise waren sie für die zahlreichen tödlichen Attacken auf Ammoniten verantwortlich, bei denen im hinteren Bereich der Wohnkammer größere Schalenpartien verloren gegangen waren (Keupp 2008; → S. 54, 6.14).

Fotos: M. Reich, J. Schobert (Hintergrundbild)

Knochenfische haben nicht nur ihre einfachen, kegelförmigen Zähnchen hinterlassen (9.3E), sondern auch Otolithe (Gehörsteinchen). Im stato-akustischen Schädelorgan der Knochenfische befinden sich je nach systematischer Gruppe der Fische ein bis drei mineralische Körper (Sagitta, Lapillus, Asteriscus), die der Wahrnehmung von Schwerkraft und Beschleunigung sowie dem Hören dienen. Otolithe sind seit dem Devon bekannt, werden aber erst ab dem Oberjura häufiger. Sie sind artspezifisch gestaltet und bestehen aus Aragonit mit bis zu 10 % Anteil an polymerem Eiweiß (Otolin). Da in der Regel (außerhalb von Konservatlagerstätten) die fossilen Otolithe isoliert und nicht im Verbund mit dem Skelett gefunden werden, ist ihre Zuordnung zu bestimmten Arten problematisch. Sie werden daher in einer Parataxonomie als eigene Gattungen und Arten geführt. Die Bestimmung erfolgt nach dem Umriss und der Skulptur auf der Außenseite des Otolithen sowie der Konfiguration der Innenseite mit der jeweils charakteristisch gestalteten Mittelsenke. Im modernen Fischereiwesen spielt die Analyse der Otolithe eine wichtige Rolle. Einerseits werden ihre feinen, saisonabhängigen Wachstumsringe für die Bestimmung des individuellen Lebensalters genutzt (Reibisch 1899). Da der Aragonit im isotopischen Gleichgewicht mit dem umgebenden Meerwasser gebildet wird, kann man andererseits aus der Analyse der stabilen Sauerstoff- und Kohlenstoff-Isotope regionale Verbreitungsmuster und Wanderungsbewegungen sowie die Temperatur des Wassers ermitteln (Degens et al. 1969; Wefer 1985). Die häufigsten Otolithe im Schlämm-Material von Buttenheim sind flache, schwach skulptierte Sagittae mit ovalem Umriss (9.3 A–C). Sie lassen sich den Leptolepidae zuordnen, die aus Süß- und Salzwasser-Sedimenten des Zeitintervalls vom Unterjura bis in die Kreide bekannt sind. Die schlankeren Sagittae 9.3 A, C) lassen sich *Leptolepis ornatus* (Weiler, 1953) zuordnen. Diese Art war bisher erst ab dem Unter-Toarcium bekannt (Schwarzhans 2018), so dass die Funde aus dem Ober-Pliensbachium von Butten-

Abb. 9.1: Isolierte, unbestimmte Haifischzähne aus mikropaläontologischen Schlämmproben von Buttenheim. Breite der Zähne 1,5 bis 5 mm. Slg J. Schobert, Fotos: J.Evers.

Abb. 9.2: Vorderzahn von Sphenodus sp. aus der oberen Spinatum-Zone (EPH) von Buttenheim. Foto: J. Evers.

heim deren stratigraphische Reichweite erweitern. Etwas gedrungenere Sagittae gehören zu *Leptolepis normandica* Nybelin, 1962 (freundl. Mitt. W. Schwarzhans). Bis zu Beginn der 1970er Jahre galten die Leptolepiden unstrittig als älteste Vertreter und Stammgruppe der modernen Knochenfische. Wenn wir aber dem Vorschlag von Patterson (1973) folgen, auch die Knochenganoid-Fische (Holostei) zu den Teleostiern zu zählen, verlagert sich die mögliche Entstehung der modernen Knochenfische zurück in die Mittlere Trias.

Dank: Werner Schwarzhans sei für seine bereitwilligen Bestimmungshilfen der Otolithe herzlichst gedankt.

Abb. 9.3: Mikropaläontologische Reste von Fischen, Otolithe (A-D), Zähnchen (E). A, C: Außen- bzw. Innenseite der Sagittae von Leptolepis ornatus (Weiler, 1953). B: Sagitta-Außenseite von Leptolepis normandica Nybelin, 1962 D: Ein Lapillus unbekannter Zuordnung, Ø 1,5 mm. E: Zahn eines Schnabelfischs (Saurorhynchus, Actinopterygii), Länge 2,5 mm. Fotos: J. Evers.

Helmut Keupp

Die Hartgrund-Vergesellschaftung des „Echiniden-Pectiniden-Horizonts“

Bodenberührende Strömungen haben im Echiniden-Pectiniden-Horizont (EPH) die feinkörnigen Ton- und Silt-Anteile abtransportiert und dadurch die kalkigen Konkretionen aus dem Untergrund ausgespült und angereichert. Die Oberflächen der freigelegten Geoden und leere Kalkschalen größerer Organismen (vor allem Belemniten-Rostren) dienten zahlreichen sessilen Organismen, die für ihre Ansiedlung ein festes Substrat benötigen, als Siedlungsgrund.

Das Artenspektrum der Hartgrundbesiedler unterscheidet sich aber grundlegend von dem des sonst vorherrschenden Weichbodens. Vagiles Benthos (Schnecken, Arthropoden, Echinodermen) nutzte die Oberflächen, die mit einem dünnen Biofilm aus organischen Resten und Bakterien überzogen waren, als Weidegrund. Sie hinterließen oft Spuren ihrer Nahrungsbeschaffung. Schließlich fungierten Geoden und am Boden liegende Kalkschalen auch als Laichgrund zur Befestigung von Eigelegen (Keupp et al. 2016). Die quantitative und qualitative Zusammensetzung der Organismen variiert auffallend stark auf wenige Meter Distanz, so dass im Zuge des Abbaubetriebs manche Fossilien häufig, an anderer Stelle dagegen gar nicht auftreten.

Das Fossilisationspotenzial der Artengemeinschaft ist sehr heterogen. Sandschalige Foraminiferen, Röhrenwürmer (Serpuliden), Moostierchen (Bryozoen), inartikulate Brachiopoden (*Discinisca*) manche Muscheln (*Harpax*) und sessile Graptolithen (*Rhabdopleura*) zementieren mit ihren mineralisierten Gehäusen bzw. resistenten organo-phosphatischen Hartteilen unmittelbar auf dem Substrat und werden als Körperfossilien überliefert. Dagegen bleiben von endolithisch lebenden Organismen, die Wohnbaue (Domichnia) in das kalkige Substrat anlegten [Pilzhyphen, articulate Brachiopoden, Rankenfußkrebe (Acrothoracicia; → S. 66, 7.8), Hufeisenwürmer, einige polychaete Würmer (→ S. 26) u. a.] meist nur ihre charakteristischen Spuren erhalten.

Spurenfossilien

Das Spektrum der fossilen Lebensspuren, die auf der Oberfläche von Geoden und Belemnitenrostren angelegt wurden, ist reichhaltig. Einige charakteristische Wohnbaue endolithisch lebender Organismen sind im Zusammenhang mit der Darstellung der Krebse (Cirripedier) und der Borstenwürmer beschrieben. Neben diesen finden sich weitere Wohnbaue von fixosessil endolithisch lebenden Organismen (Pilze, Phoronida) und vor allem ein breites Spektrum von Weide- und Beißspuren vagil benthonisch lebender Tiere. Tunnelbaue, die mutmaßlich innerhalb der Biofilme angelegt wurden, welche die Oberflächen überzogen haben, liegen den Geoden als feine, meist pyritisierte Netzstrukturen auf (10.3).

Beim Abweiden der Biofilme entstanden flächige Oberflächenspuren mit fächerartig angeordneten Rillen (10.1A, B). Keupp et al. (2016) machten dafür Schnecken verantwortlich, die mit Hilfe ihrer aus Chitin-Zähnchen bestehenden Radula den Untergrund abgeschabt haben. Voigt (1977) hat für derartige Weidespuren die Spuren-Gattung *Radulichnus* geprägt, die vor allem seit der Kreidezeit weiter verbreitet ist (Knaust et al. 2012).

Auch die regulären Seeigel hinterließen ihre unverkennbaren radial angeordneten Fress-Spuren (*Gnathichnus pentax* Bromley, 1975). Kleinere Rosetten von Kratzspuren, die häufig die Wohnbaue (*Simonizapfes*) der acrothoraciden Cirripedier säumen (10.2A, B), gehen vermutlich auf die knapp 1 cm groß werdenden *Cunidentechinus* zurück, während die großwüchsigen *Procidaris edwardsi*, deren lange, dünne Stacheln im EPH häufig vorkommen und zu dessen Namensgebung beigetragen haben, mit Hilfe ihrer fünf kräftigen Zahnelemente des Kauapparats, der „Laterna Aristotelis", entsprechend größere Spuren hinterließen (10.2C). Spiegelbildlich angeordnete Cluster annähernd paralleler Kratzer (10.1C) weisen auf ein Abschaben der Geoden-Oberfläche durch Zahnreihen von Fischen hin.

Feine, netzartig verzweigte, meistens pyritisierte Röhrchen von ca. 50 µm Durchmesser sitzen vielfach den Oberflächen der Geoden auf (10.3). Sie werden als Spuren von unbekannten Mineuren gedeutet, die ihre Tunnels in den Biofilmen angelegt hatten. Ihre Verzweigungsmuster ähneln der sehr variablen Spuren-Gattung *Chondrites* v. Sternberg, 1833, deren Dimension aber mindestens um den Faktor 10 größer ist (Häntzschel 1975).

Die im EPH angereicherten Geoden und Belemniten-Rostren wurden intensiv von endolithischen Bohrern heimgesucht. Die Oberflächen wirken durch die Biokorrosion oft völlig zernagt (10.4). Die häufigen, ovalen Bohrlöcher der acrothoraciden Cirripedier (*Simonizapfes*) und Tunnelbaue malakostraker Krebse (*Spongeliomorpha*) werden auf S. 66 bzw. S. 61, die senkrecht abgeteuften Wohnbaue polychaeter Würmer auf S. 26 beschrieben.

Rechtwinkelig organisierte, etwa 50 µm breite Tunnelsysteme, die unter anderem in den dickwandigen *Mucroserpula*-Röhren angelegt wurden, geben hinsichtlich ihres Erzeugers noch Rätsel auf (10.5A, B). Die Bohrspuren verlaufen parallel zur Oberfläche des Substrats und lassen keine Öffnungen nach außen erkennen. Sie erinnern in ihrer Konfiguration und Geometrie an Bohrungen mutmaßlicher Pilzhyphen in alttertiären Muscheln, die jedoch mit nur 8–15 µm Durchmesser wesentlich zarter als unsere Unterjura-Formen sind. Radtke (1991) führte für solche endolithischen Tunnelsysteme mit rechtwinkeligen Gängen die Spuren-Gattung *Orthogonum* ein, der auch unsere Funde formal zuzuordnen sind. Lockere, weniger geometrisch exakte Geflechte mit Tunneldurchmessern um 50 µm, die in Schalen und Belemniten-Rostren zu beobachten sind (10.5C), gehen vermutlich auch auf endolithische Pilzhyphen zurück.

Winzige, 0,5 bis 0,7 mm kleinen Cluster mit dicht beieinanderstehenden Bohrspuren, die als Ichnotaxon *Podichnus* Bromley & Surlyk, 1973 in die Lite-

Abb. 10.1: Die Oberflächen vieler Geoden des EPH sind von Weidespuren bedeckt. A, B: mutmaßlichen Schnecken-Weidespuren (Radulichnus sp.) Bildbreite jeweils 25 mm. C: Die spiegelbildlich angeordneten, parallelen Kratzspuren gehen auf die Aktivität eines antagonistischen Kiefersystems zurück, vermutlich von kleinen Fischen. Fotos J. Evers.

ratur eingegangen sind, können in Kalkschalen von Ammoniten (10.6; Keupp et al. 2018) und – wie in Abbildung 10.6A wiedergegeben – in zerbrochenen Kalkröhren von *Mucroserpula* beobachtet werden. Sie wurden von artikulaten (schlosstragenden) Brachiopoden angelegt, die sich mit dem bürstenartig verzweigten Ende ihres muskulösen Stiels im Festsubstrat durch Ätzbohrung verankert hatten. Stammesgeschichtlich gelten die Brachiopoden als Schwestergruppe der Hufeisenwürmer (Phoronida) und Moostierchen (Bryozoa) (Taylor & Waeschenbach 2015). Alle drei Gruppen werden unter dem Begriff Lophophorata zusammengefasst. Als Verursacher der *Podichnus*-Cluster kommen die jeweils um 1 cm großen *Cuneirhynchia lacuna* (Quenstedt) oder *Gibbirhynchia amalthei* (Quenstedt) in Frage, deren Gehäuse oft isoliert gefunden werden (10.6B).

Das Vorkommen der verzweigten Tunnelsysteme von Hufeisenwürmern (Phoronida) scheint auf Belemniten-Rostren beschränkt zu sein. Keupp & Doppelstein (2018a) beschreiben erstmals zwei Rostren von *Passaloteuthis* aus dem EPH von Buttenheim, die intensiv zerbohrt sind (10.7). Phoroniden sind wurmförmig gestreckte, schalenlose Verwandte der Brachiopoden und besitzen als Suspensionsfresser wie diese einen paarigen Strudelapparat (Lophophor). Die kleinwüchsige rezente Art *Phoronis ovalis* lebt in dichten Gemeinschaften endolithisch im kalkigen Substrat. Emig (1982) hat bis zu 150 Individuen pro cm² gezählt. Die dicht liegenden, ca. 200 µm dicken Tunnelsysteme sind in den Belemnitenrostren oberflächenparallel angelegt, oft rechtwinkelig verzweigt und führen jeweils mit einer runden Öffnung nach außen. Ähnliche Bohrungen in oberkretazischen Belemniten-Rostren haben Hagenow (1840) veranlasst, das Spurentaxon *Talpina ramosa* einzuführen. Voigt (1975) konnte anhand aktualistischer Vergleiche schlüssig nachweisen, dass diese typischen Baue von Phoroniden angelegt wurden. Die modernen endolithischen Vertreter leben in Flachmeeren bis maximal 50 m Tiefe. Falls die angebohrten Belemniten-Rostren autochthon sind, also nicht durch Oberflächen-Strömungen eingedriftet, wäre ihre Existenz ein gutes Indiz für sehr flache Ablagerungsbedingungen zur Zeit des EPH.

Abb. 10.2: Die radial angeordneten Kratzspuren Gnathichnus pentax Bromley, 1975 weisen auf die Aktivität regulärer Seeigel hin.
A: Leg. J. Schobert. Bildbreite 3 cm, B: Die Wohnbaue von zwei acrothoraciden Cirripediern wurden von regulären Seeigeln, vermutlich von Cunidentechinus (Corona oben rechts) ausgefressen, Bildbreite 8 mm, Foto B. Doppelstein. C: Die kräftige, 8 mm breite Rosette von Kratzspuren auf einer Geode des EPH wurde wahrscheinlich von Procidaris edwardsi (artikulierte Interambulakralia oben rechts) erzeugt. Foto: B. Doppelstein.

Körperfossilien

Die sessile Vergesellschaftung von Körperfossilien im EPH ist durch flach inkrustierende Nahrungsstrudler charakterisiert. Neben den Verankerungsspuren artikulater Brachiopoden (*Podichnus*) finden sich nicht selten auch körperlich erhaltene, inartikulate (schlosslose) Brachiopoden (*Discinisca*), die durch ihre zarte, braun-glänzende, organo-phosphatische Schale auffallen. Die kaum 2 mm groß werdenden, flach-konischen Gehäuse sitzen mit ihrer Stielklappe den exponierten Geoden direkt oder mit einem kurzen Stiel auf. Sie nutzten zum Siedeln

Abb. 10.3: Netzwerke von ca. 50 µm dicken, pyritisierten Spuren überziehen oft die Oberflächen der Geoden. Sie werden als Tunnelbaue unbekannter Organismen gedeutet, die in den Biofilmen angelegt wurden. Im Bild oben rechts liegt der Geode eine Ostracoden-Klappe auf. Slg. B. Doppelstein.

gerne auch andere Festsubstrat-Inseln (Schweigert 2016). Heute leben Vertreter dieser Gattung bevorzugt in wärmeren Flachmeeren bis etwa 60 m Tiefe (Emig 1977). Im süddeutschen Unterjura hat *Discinisca* ihr Hauptvorkommen im Posidonienschiefer mit der Art *Discinisca papyracea* (Münster), wo sie bevorzugt auf Ammonitenschalen aufsitzt. Da im Lias ähnliche, bisher kaum untersuchte Arten vorzukommen scheinen (Höflinger 2012), erfolgt die artliche Zuordnung der Buttenheimer Exemplare nur unter Vorbehalt (10.8). Die Affinität von Discinisen im Mesozoikum zu Sedimentationsräumen mit dysoxischen Verhältnissen, die auch bei *Discinisca zapfei* aus der slowenischen Obertrias erkennbar ist (Bittner et al. 2010), zeigt die offensichtliche Toleranz dieser inartikulaten Brachiopoden gegenüber zumindest zeitweiligem Sauerstoffmangel.

Die dritte Gruppe der Lophophorata, neben den jeweils solitär lebenden Brachiopoden und Phoroniden, sind die – mit Ausnahme ihrer planktisch lebenden Larven – stets kolonial organisierten Bryozoen (Moostierchen). Ihre Individuen stellen mit Hilfe eines runden bzw. hufeisenförmigen Strudelapparates ihre filtrierende Ernährung sicher. Ihr Vorkommen ist überwiegend marin und erstreckt sich heute von der Tiefsee bis in die Küstenregionen aller Klimazonen. Mit den Phylactolaemata haben die seit dem Ordovizium bekannten Bryozoen mindestens seit der Obertrias auch das Süßwasser erobert (Kohring & Hörnig 2002). Die vor allem bei den moderneren Formen morphologisch unterschiedlich gestalteten Individuen der Kolonie (Zooecien) erfüllen unterschiedliche Aufgaben (Ernährung, Verteidigung, Fortpflanzung). Die Zooecien kommunizieren über ein gemeinsames Kanalsystem (Stolon). Ihr Röhrenskelett besteht aus Calcit. Auf den ausgespülten Geoden des EPH von Buttenheim finden sich Vertreter zweier Gattungen, die jeweils mit ihren kompletten kalkigen Kolonien den Untergrund inkrustieren: Die locker verzweigten ästigen Kolonien von *Stomatopora* und die flächenhaft angelegten Kolonien von *Berenicea*. Beide Formen gehören der Ordnung Cyclostomata mit röhrenförmigen Zooecien und runder Mündung an.

Abb. 10.4: Infolge intensiver Biokorrosion wirken die Oberflächen der exhumierten Geoden oft völlig zernagt. Bildbreite ca. 12 cm.

Die dünnästigen Kolonien der Gattung *Stomatopora* können bis zu 9 cm² große

Areale der Geoden-Oberflächen überspannen (10.9). Illies (1971) hat aus dem norddeutschen Amaltheenton drei *Stomatopora*-Arten beschrieben, die sich im Wesentlichen durch das Knospungsmuster ihrer Kolonien unterscheiden. Die in Buttenheim verbreitete Art *Stomatopora bifurca* ist durch dichotom verzweigte Äste der Kolonie und eine perlschnurartig hintereinander liegende Anordnung der Zooecien-Mündungen entlang der Mittelachse gekennzeichnet (10.9, 10.10). Flächige Kolonien mit fächerartigem Wachstum kennzeichnet die vor allem im Mittleren und Oberen Jura weit verbreitete cyclostome Gattung *Berenicea* Lamouroux, 1821. Die einfachen Röhren mit runder Mündung sind dicht aneinander gereiht auf dem Substrat zementiert. An ihren distalen Enden biegen sie nach oben um und stehen frei (10.11). Nach Wolfer (1912) ist für die aus dem Unter- und Mitteljura beschriebene *Berenicea compressa* (Goldfuß, 1829) die Bildung von peripheren Tochter-Fächern typisch (10.11B).

Die häufigen, inkrustierenden Serpuliden sind im Kapitel 3 (→S. 26) dargestellt. Unter den Muscheln muss hier *Harpax spinosus* (Sowerby, 1819) erwähnt werden. Er ist auch im gesamten Profil, das durch Weichböden dominiert wird, häufig zu finden. Aufgrund seiner primären calcitischen Schalenmineralogie wird er gegenüber den aragonitschaligen Muscheln quantitativ überrepräsentiert. *Harpax* entwickelte eine erfolgreiche Strategie Hart- und Weichböden zu besiedeln. Seine Larven benötigten zum Festsetzen grundsätzlich einen Hartgrund und zementierten dort mit der rechten Schalenklappe. Das Anpassen der aufsitzenden Schalenklappe an den Untergrund führte oft zur Xenomorphie des juvenilen Schalenabschnitts, d. h. dass die Skulptur des Untergrunds abgeformt und aus Gründen der notwendigen Passform auf die freie Schalenklappe übertragen wird (Keupp 2004; Fürsich et al. 2020; →S. 36). Auf dem Schlammboden standen aber oft nur sehr kleine Hartgrund-Inseln (z. B. Schalenfragmente) zur Verfügung. Zunehmendes Größenwachstum der Muschel überforderte die Stabilisierungsfunktion ihres Substrats, so dass sie schließlich lose dem Weichboden auflag. Stacheln und Runzeln der Schale verhinderten dabei ein unkontrolliertes Einsinken. Setzte sich eine Larve aber auf eine größere Festsubstratinsel, etwa eine ausgespülte Geode oder ein leeres Ammoniten-

Lesen Sie bitte weiter hinter den Bildtafeln auf S. 89

Abb. 10.5: Vermutliche Spuren endolithischer Pilz-Hyphen. A, B: Rechtwinkelig angelegte, ca. 50 µm breite Tunnelsysteme von Orthogonum sp. in der inneren (A) bzw. äußeren Kalkwand (B) von Mucroserpula-Röhren. C, D: Auch das weitmaschige Geflecht endolithischer Bohrungen in Belemniten-Rostren geht wahrscheinlich auf die Aktivität von Pilzhyphen zurück. C: 16 mm breiter Ausschnitt eines 14 cm langen Passaloteuthis-Rostrums. D: Das juvenile, mit sessilen Foraminiferen bewachsenes Rostrum lässt im durchscheinenden Licht das Geflecht der Bohrgänge gut erkennen, Bildbreite 14 mm, Fotos: J. Evers (A), B. Doppelstein (B–D).

Abb. 10.6 A: Das Cluster von Bohrlöchern (Podichnus) in einer aufgebrochenen Kalkröhre von Mucroserpula aus dem EPH von Buttenheim belegt, dass hier ein rhynchonellider Brachiopode gesiedelt hatte. B: Als mögliche Produzenten von Podichnus kommen die jeweils um 1 cm großen artikulaten Brachiopoden Cuneirhynchia lacuna und Gibbithyris amalthei (2 Exemplare rechts im Bild) in Frage.

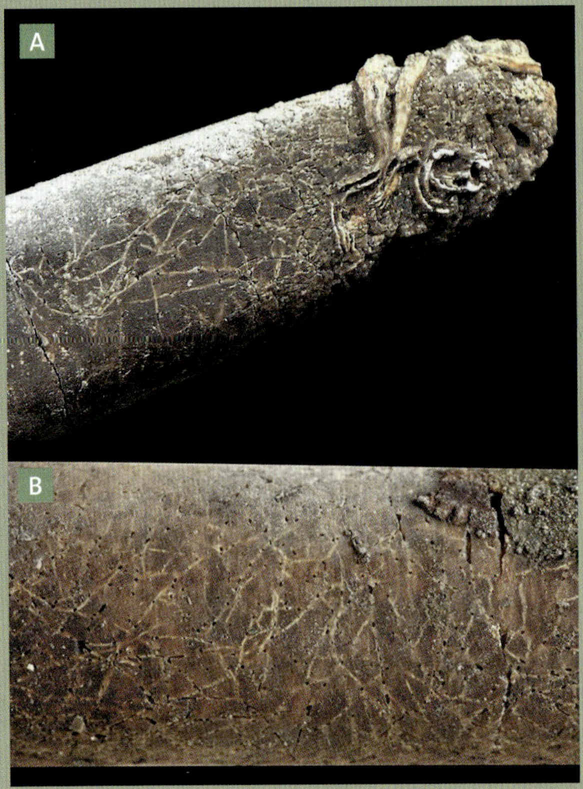

Abb.10.7: Zwei Belemniten-Rostren aus dem EPH mit verzweigten, ca. 0,2 mm dicken Bohrungen von Talpina ramosa. Sie gehen auf eine postmortale Besiedlung durch gesellig lebende Hufeisenwürmer (Phoronida) zurück. Das Exemplar oben zeigt an seiner Spitze zusätzlich noch Bewuchs von Röhrenwürmern und eine biokorrosive Oberfläche. Fotos: J. Evers.

Abb. 10.8: Die braun-glänzenden, ca. 2 mm großen Schalen des sessilen inartikulaten Brachiopoden Discinisca cf. papyracea (Münster) wuchsen direkt auf den Geodenoberflächen und anderen Hartgrundinseln auf. Fotos: J. Evers (A), B. Doppelstein (B).

Abb. 10.9: *Stomatopora bifurca* Illies, 1971 auf einer Geode des EPH, Bildbreite 5 cm, leg. J. Schobert.

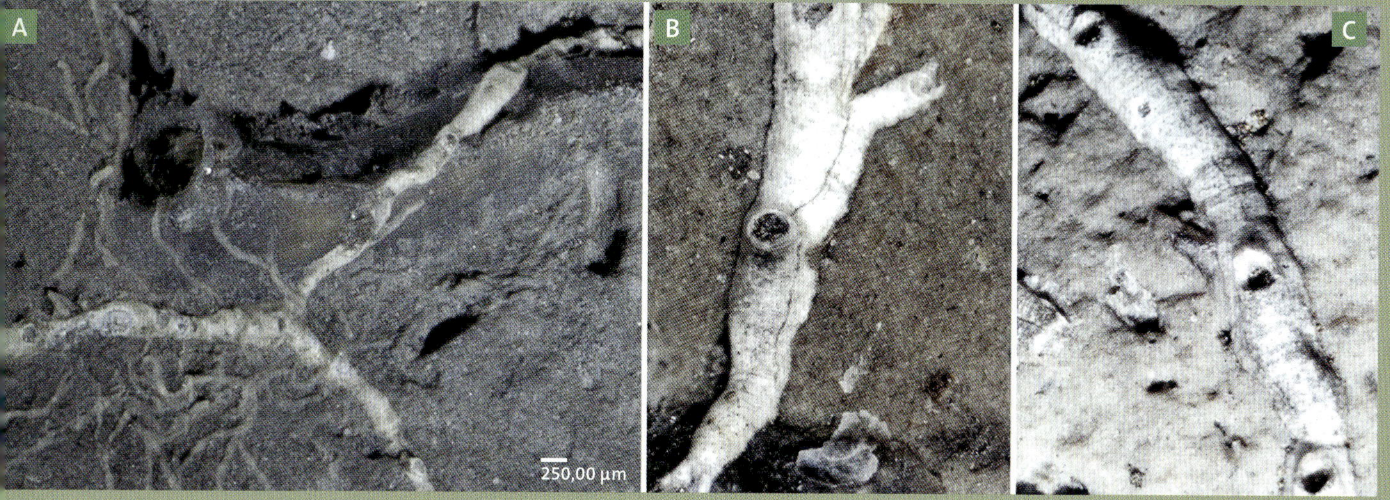

bb. 10.10: *Stomatopora bifurca* Illies, 1971 wächst Geoden des EPH auf. A: Die Bryozoe überwächst eine Röhre von *Mucroserpula* nd wird selbst von sessilen Foraminiferen (*Serpulopsis* sp.) inkrustiert; leg. J. Schobert. B, C: Die Detailvergrößerungen zeigen die rtspezifische Sprossung der Zooecien, Fotos: B. Doppelstein.

bb. 10.11 A: 6,5 mm breiter Fächer von *Berenicea compressa* (Goldfuß, 1829). B: Typisch für diese Art ist die Ausbildung von Tochterfächern n ihren Rändern. Fotos: J. Evers.

Abb. 10.12: Die fixosessile Muschel Harpax spinosus sitzt einer Geode des EPH auf neben vier Wohnbauen von Cirripediern (Simonizapfes).

Abb. 10.13: Zwei Wurzelplatten juveniler, möglicherweise im Alter freischwimmender Crinoiden (Comatulidae) auf einer angebohrten Geode aus dem EPH. Foto: J.Evers.

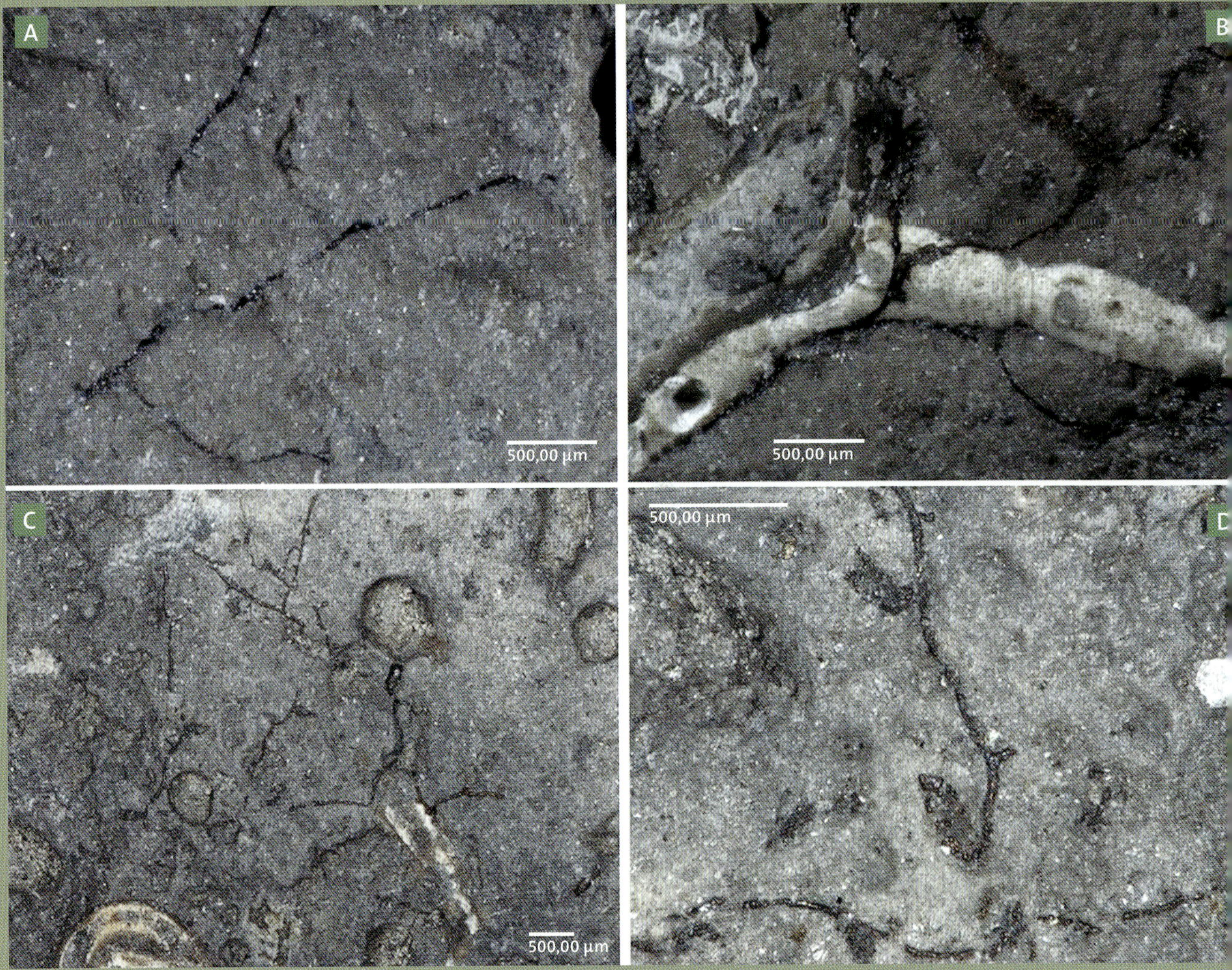

Abb. 10.14: Rhabdopleuriden aus dem EPH. A Verzweigter Stolo aus Chitin-ähnlichen Skleroproteinen. B: Der Stolo überwächst eine Bryozoe (Stomatopora bifurca). C: Weitspänniges pyritisiertes Stolo-Netz. D; Pyritisierter Stolo mit seitlicher Knospen-Bildung. Fotos: J. Evers.

Gehäuse, blieb sie zeitlebens über die gesamte Fläche der linken Schalenklappe verankert (10.12).

Die stammesgeschichtlich fortschrittlichste Gruppe der Hartboden-Besiedler stellen die so genannten Ambulacraria. Ihre Schwestergruppe sind die Chorda-Tiere, denen auch wir Menschen angehören. Zu den Ambulacraria werden die Stachelhäuter und die Hemichordaten gezählt. Während vom Gros der Stachelhäuter, die als vagiles Benthos leben (Seeigel, Seesterne, Sachlangensterne, Seegurken), die Skelett-Elemente (Ossikel) meistens isoliert im mikropaläontologischen Schlämmgut zu finden sind (→ S. 67ff), beschränken sich *in situ*-Funde von sessilen Seelilien (Crinoiden) auf Basisplatten, mit denen sie auf dem festen Untergrund verwachsen waren, deren Durchmesser einen Millimeter kaum übersteigt (10.13). Gleichartige Wurzelplatten finden sich auch auf Ammoniten-Gehäusen (→ 6.17.A, B). Eine Zuordnung zu den im Amaltheenton häufigen Seelilien-Stielgliedern von *Balanocrinus, Isocrinus, Hispidocrinus* (→ S. 70) fällt aufgrund der stets sehr geringen Größe der Wurzelplatten und weitgehend fehlender Skulptur der Gelenkflächen schwer. Möglicherweise handelt es sich um die Hinterlassenschaft nur in der Jugend festsitzender Haarsterne (Comatulida) der Gattung *Palaeocomaster*, die sich im Verlauf ihrer frühen Ontogenese vom Stiel lösten und freischwimmend bzw. planktisch lebten. Entsprechend finden sich im Schlämmmaterial von Buttenheim auch entsprechende Kelchreste (→ S. 71). Sehr ähnliche Wurzelplatten gleicher Dimension beschreibt Małecki (1982) aus der polnischen Oberkreide als *Octobasis spinosa* bzw. *O. dichotoma* und interpretiert sie als Basisplatten von Octokorallen. Jagt et al. (2012) wiesen jedoch nach, dass es sich dabei um Wurzelplatten der Seelilie *Bourgueticrinus* handelt. Diese gestielte Seelilien-Gattung wird seit Simms (1988) in die Verwandtschaft der Comatuliden gestellt.

Spektakulär war die Entdeckung der weltweit ersten Hemichordaten in Form der sessilen Rhabdopleuriden aus dem Unterjura (Keupp et al. 2016). Die unregelmäßig verzweigten, schwarz glänzenden Röhren von nur 20–50 µm Durchmesser überziehen in einem weitspännigen Netz die Oberfläche der Geoden und teilweise auch andere inkrustierende Organismen (Bryozoen, Kalkröhrenwürmer). Ihre Sichtbarmachung erfordert eine starke Vergrößerung. Um die Zuordnung der fossilen Reste zu verstehen, bedarf es eines kurzen Exkurses in die Anatomie der rezenten Verwandten *Rhabdolpeura normanni*. Die stets kolonial lebenden Rhabdopleuriden bauen um ihre Zooide und die sie verbindenden Stolosysteme Röhren aus Chitin-ähnlichen Skleroproteinen im so genannten Fusellarbau, einer nur bei Hemichordaten bekannten Konstruktion aus Halbringen, die entlang einer Zickzacknaht verwachsen sind. Ausgehend von einer liegenden Hauptröhre mit dem am Untergrund festgewachsenen, schwarzen Stolo zweigen durch asexuelle Knospung um 1 mm große Individuen ab. Sie leben in aufrechten Wohnröhren (Tubarien) und kommunizieren untereinander zeitlebens über den Stolo-Kanal. In einer Kolonie treten neben den zahlenmäßig dominanten geschlechtslosen Zooiden auch männliche und weibliche Individuen auf. Aus der sexuellen Reproduktion gehen Schwimmlarven hervor, die sich nach wenigen Stunden auf Festsubstrat ansiedeln und durch asexuelle Knospung eine neue Kolonie gründen. Die Zystenähnlichen, zunächst rundlichen, später zylindrischen Knospen werden überwiegend seitlich des schwarzen Stolos angelegt (10.15). Mit Hilfe eines paarigen Tentakelapparates, der zugleich Kiemenfunktion ausübt, ernähren sich die Rhabdopleuriden als Mikrofiltrierer. Mitchell et al. (2013) erkannten aufgrund einer phylogenetischen Analyse, dass die seit dem Kambrium bekannten Rhabdopleuriden direkte Verwandte der teilweise planktisch lebenden Graptolithen des Paläozoikums sind.

Da die zarten Röhren aus Halbringen nur ein sehr geringes Fossilisationspotenzial aufweisen, sind sie fossil selten (vergl. z. B. Kulicki 1969). Dagegen ist der schwarze Stolo, der an der Basis der liegenden Röhren verläuft, relativ stabil und kann – wie in unserem Fall – in chitiniger Originalsubstanz oder sekundär pyriti-

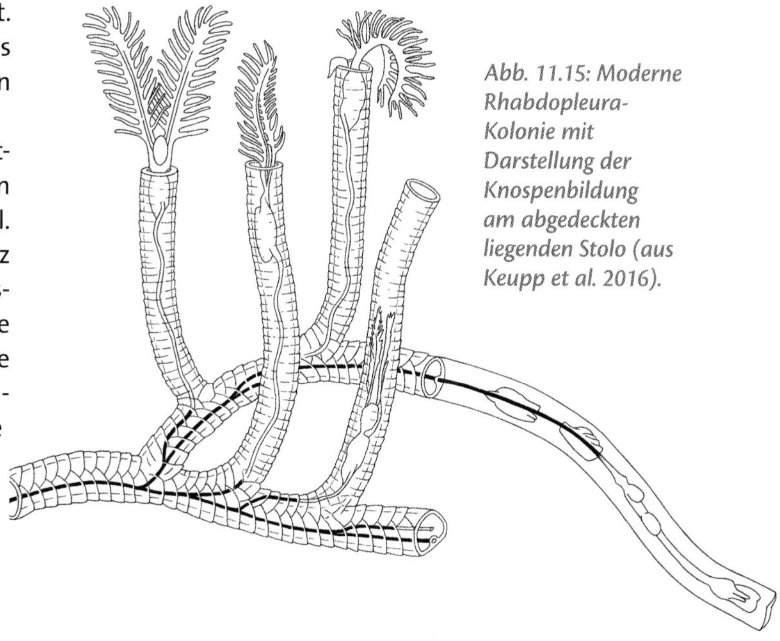

Abb. 11.15: Moderne Rhabdopleura-Kolonie mit Darstellung der Knospenbildung am abgedeckten liegenden Stolo (aus Keupp et al. 2016).

Abb. 10.16: Die Foraminiferen-Gemeinschaft setzt sich aus unterschiedlichen Arten sessiler Sandschaler zusammen, die unmittelbar auf den Geoden-Oberflächen oder auch auf Schalenresten und Belemniten-Rostren siedelten. A: Die Aggregate von cf. Serpulopsis wurden früher für Röhrenwürmer gehalten. B, C: Die verschiedenen Arten von Lituotuba sind durch ihren spiralig eingerollten Anfangsteil des Gehäuses gekennzeichnet. D: Die einkammerigen Formen gehören mutmaßlich zur Gattung Crithionina. E: Unregelmäßig gewundene Gehäuse von Tolypammina inkrustieren ein kleines Belemniten-Rostrum, Bildbreite 2 cm (vergl. Abb. 10.5D). F: Tolypammina-Cluster auf einer Geode des „Quellhorizontes". G: Subbdelloidina gehört zu den relativ häufigen Formen. Fotos: J. Evers (A–D, F, G), B. Doppelstein E).

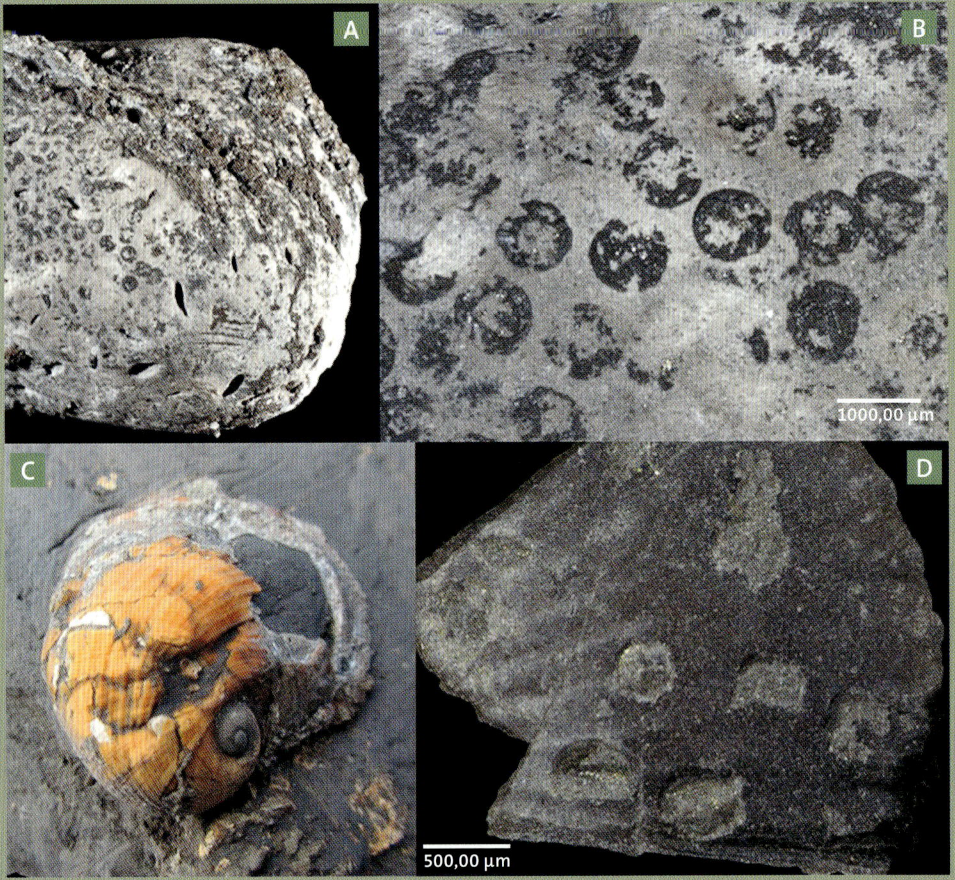

Abb. 10.17: Die exhumierten Geoden des EPH dienten neritomorphen Schnecken als Laichgrund. A: Geode mit aufsitzendem Schneckengelege, Bildbreite 27 mm, B: Der Ausschnitt aus A zeigt die pyritisierten Anheftungsbasen der ca. 1 mm großen Eikapseln. C: Die ca. 2 cm große Hayamia reticulata kommt als potenzieller Produzent der Gelege in Frage. Foto: J. Schobert. D: Muschelschale aus dem EPH mit aufsitzendem Gelege mit nur ca. ½ mm kleinen Eiern. Fotos: J. Evers.

siert (Keupp & Doppelstein 2018b) erhalten bleiben. Die Buttenheimer Funde sind die ersten *in situ*-Nachweise von Rhabdopleuriden aus dem Jura überhaupt (10.14). Da die Knospen in ihrer Gestalt an Hydrozoen-Kolonien erinnern, haben einige frühere Autoren fossile Rhabdopleuriden-Reste auch dort zugeordnet (z.B. Eisenack 1934; Mierzejewski 1986). Das einheitliche Verbreitungsmuster moderner Rhabdopleuriden-Arten im sehr flachen Bewegtwasser (bis maximal 70 m) aller Klimazonen stützt die Vorstellung einer kurzzeitigen Meeresspiegelabsenkung als Ursache für die Bildung des EPH.

Die erste Darstellung einer (mäßig) diversen Fauna sessiler sandschaliger Foraminiferen aus dem süddeutschen Amaltheenton basiert auf dem Material aus Buttenheim (Keupp & Doppelstein 2018b). Die netzartig verzweigten Aggregate von *Serpulopsis* (10.16A), deren Gehäuse ca. 60 µm breit werden, wurden ursprünglich aus dem Karbon beschrieben und für Röhrenwürmer gehalten (White 1878). Henbest (1960) erkannte ihre wahre Natur als inkrustierende Foraminiferen. Die Gehäuse von *Lituotuba* unterscheiden sich von den ähnlichen Gattungen *Subbdelloidina* und *Tolypammina* durch ihren spiraligen Anfangsteil (10.16B, C). Unscheinbar und leicht zu übersehen sind nur 0,5 Millimeter große, einkammerige Formen ohne erkennbare Mündung, deren Zentrum eine deutliche Mulde aufweist. Sie werden hier ohne Kenntnis ihres inneren Aufbaues vorläufig der langlebigen, nach Pokorny (1958) seit dem Silur bekannten Gattung *Crithionina* zugeordnet (10.16D).

Laichgrund

Erstmals haben Keupp et al. (2016) auf einer Geode des EPH ein Cluster von ca. 40 pyritisierten, jeweils ca. 1 mm großen Kreisstrukturen abgebildet. Sie werden als Schnecken-Laich interpretiert, bei dem die Anheftungsbasen der Eier bzw. plattgedrückte Eier selbst überliefert sind (10.17A, B). Die Interpretation als Gastropoden-Gelege stützt sich auf Beobachtungen an rezenten neritomorphen Schnecken, die ihre etwa 1 mm großen, sehr stabilen Eikapseln mit einem runden Basisring auf dem Substrat anheften (Zatoń et al. 2013). Inzwischen kennen wir eine Reihe weiterer Funde aus Buttenheim von entsprechenden Gelegen, die im Nabel eines *Pseudamaltheus*-Gehäuses (Keupp & Doppelstein 2018b), in dreidimensionaler Erhaltung auf einem *Pleuroceras spinatum* bzw. einem Belemniten-Rostrum (→ S. 55, 6.17E, F) angeheftet sind. Ähnliche Gastropoden-Gelege sind mehrfach aus dem Unterjura und der Kreide beschrieben worden (Kaiser & Voigt 1977; Riegraf & Schubert 1991; Zatoń et al. 2009, 2013; Zatoń & Mironenko 2015). Obwohl neritomorphe Schnecken in Buttenheim selten sind (Nützel & Gründel 2015), kommt als möglicher Produzent der Gelege möglicherweise *Hyamia reticulata* in Frage (10.17C). Aus demselben Horizont stammt auch ein Muschel-Fragment, das als Basis zur Anheftung eines Geleges diente, dessen Einzeleier mit nur einem knappen ½ Millimeter Durchmesser deutlich kleiner sind (10.17 D).

Gesamtverzeichnis der zitierten Literatur

Alhussein, M. (2010): Taxonomie und Palökologie der benthischen Foraminiferen aus dem Mitteljura des Kachchh-Beckens, westliches Indien. Dissertation Universität Würzburg.

Arakawa, K. Y. (1970): Scatological studies of the Bivalvia (Mollusca). Adv. Mar. Biol. 8: 307–436.

Arp, G. & S. Seppelt (2012): The bipolar bivalve *Oxytoma (Palmoxytoma) cygnipes* (Young & Bird, 1822) in the Upper Pliensbachian of Germany. Paläont. Z. 86: 43–57.

Bandel, K. & C. Hemleben (1987): Jurassic heteropods and their modern counterparts (planktonic Gastropoda, Mollusca). N. Jb. Geol. Paläont. Abh. 174: 1–22.

Bardin, J., I. Rouget & F. Cecca (2013): Late Pliensbachian (Early Jurassic) ammonites from Lac de Charmes (Haute Marne, France): Systematics, biostratigraphy and palaeobiogeography. Geodiversitas 35(2): 309–334.

Bartenstein, H. (1936): Kalk-Körper von Holothurien in norddeutschen Lias-Schichten. Senckenbergiana 18(1/2): 1–10.

Bauder, J. F. (1771): Beschreibung des kostbarn Altdorfischen Ammoniten- und Belemniten-Marmors, wie solche zum erstenmal im Jahr 1754. gemacht und in dem Drucke vorgeleget worden ist ..., 12 S. J. A. Hessel, Altdorf.

Beutler, G., Heunisch, C., Luppold, F. W., Rettig, B. & Röhling, H.-G. (1986): Muschelkalk, Keuper und Lias am Mittellandkanal bei Sehnde (Niedersachsen) und die regionale Stellung des Keupers. Geol. Jb. (A) 145: 67–197.

Bittner, M. A., B. Jurkovšek & T. Kolar-Jurkovšek (2010): New record of the inarticulate brachiopod genus *Discinisca* from the Upper Triassic (Carnian) of the Julian Alps, NW Slovenia. N. Jb. Geol. Paläont. Abh. 257(3): 367–372.

Böttcher, R. & C. J. Duffin (2000): The neoselachian shark *Sphenodus* from the Late Kimmeridgian (Late Jurassic) of Nusplingen and Egesheim (Baden-Württemberg, Germany). Stuttgarter Beiträge zur Naturkunde, B 283: 1–31.

Bromley, R. G. & F. Surlyk (1973): Borings produced by brachiopod pedicles, fossil and Recent. Lethaia 6: 349–365.

Bromley, R. G. (1975): Comparative analysis of fossil and recent echinoid bioerosion. Palaeontology 18(4): 725–739.

Calzada, S. (1981): Revision del icno *Spongeliomorpha iberica* Saporta, 1887 (Mioceno de Alcoy, España). Bol. Real Soc. Esp. Hist. Nat. (Sec. Geol.) 79: 189–195.

Capetta, H. (2012): Chondrichthyes: Mesozoic and Cenozoic Elasmobranchii. Handbook of Paleoichthyology, 3E, München (Verlag Dr. F. Pfeil).

Clark, M. R. (1998): The value of statolith shape for systematics, taxonomy, and identification. Smiths. Contr. Zool. 586: 69–76.

Clark, M. R. (2003): Potential of statoliths for interpreting coleoid evolution: a brief review. Berliner Paläobiol. Abh. 3: 37–47.

Codez, J. & R. Saint-Seine (1957): Révision des Cirripèdes acrothoraciques fossiles. Bull. Soc. Géol. France, sér. 6, 7: 699–719.

Devillez, J. & Charbonnier, S. (2019): Review of the Early and Middle Jurassic erymid lobsters (Crustacea: Decapoda). BSGF, Earth Sci. Bull. 190(1): 6.

Dumortier, E. (1869): Études paléontologique sur les dépots jurassiques du bassin du Rhône, 3 (Lias moyen). Paris.

Eisenack, A. (1934): Neue Mikrofossilien des baltischen Silurs, III und Neue Mikrofossilien des böhmischen Silurs, I. Paläont. Z. 16: 52–76.

Ellenberger, F. (1947): Le problème lithologique de la craie durcie de Meudon. Bull. Soc. géol. France 17: 255–274.

Emig, C. C. (1977): Ecology of inarticulated brachiopods. In: Kaesler, S. L. (Hrsg.): Treatise on Invertebrate Paleontology. Part H. Brachiopoda Revised, vol. 1: 471–495. Geological Society of America & University of Kansas, Boulder & Lawrence.

Emig, C. C. (1982): The Biology of Phoronida. Adv. Mar. Biol. 19: 1–89.

Engeser, T. (1987): Neubearbeitung der von F.A. Quenstedt (1856–57) aus dem schwäbischen Jura beschriebenen Belemniten-Großhaken. Berliner geowiss. Abh. A86: 3–21.

Engeser, T. & H. Keupp (2002): Phylogeny of the aptychi-possessing Neoammonoidea (Aptychophora nov., Cephalopoda). Lethaia 35: 79–96.

Engeser, T. & F. Riedel (1992): Scaphopods of northern Germany; with a review of Liassic Scaphopoda. Scripta Geol. 99: 35–56.

Engeser, T. & F. Riedel (1996): The evolution of the Scaphopoda and its implications for the systematics of the Rostroconchia (Mollusca). Mitt. Geol.-Paläont. Inst. Univ. Hamburg 79: 117–138.

Etter, W. (2014): A well-preserved isopod from the Middle Jurassic of Southern Germany and implications for the isopod fossil record. Palaeontology 57: 931–949.

Fiedel, U. & H. Keupp (1988): *Ischnochiton marloffsteinensis* n. sp., eine Polyplacophore aus dem fränkischen Lias. Paläont. Z. 62(1/2): 49–58.

Förster, R. (1986): Der erste Nachweis eines brachyuren Krebses aus dem Lias (Oberes Pliensbach) Mitteleuropas. Mitt. Bayer. Staatsslg. Paläont. Histor. Geol. 26: 25–31.

Fraaije, R. H. B., B. W. M. Van Bakel, J. W. M. Jagt, S. Charbonnier, G. Schweigert, G. Garcia & X. Valentin (2021): The evolution of hermit crabs (Crustacea, Decapoda, Anomura, Paguroidea) on the basis of carapace morphology: a state-of-the-art report. Geodiversitas (in Druck).

Frebold, H. (1922): Phylogenie und Biostratigraphie der Amaltheen im mittleren Lias von Nordwestdeutschland. Jber. niedersächs. geol. Ver. Hannover 15: 1–26.

Frentzen, K. (1937): Ontogenie, Phylogenie und Systematik der Amaltheen des Lias Delta Südwestdeutschlands. Abh. Heidelberg. Akad. Wiss., math.-naturwiss. Kl. 23: 1–136.

Fürsich, F. T., B. Karapunar, W. Werner, A. Nützel (2020): Ecology of the Lower Jurassic bivalve *Harpax spinosus* (J. Sowerby, 1819). N. Jb. Geol. Paläont., Abh., 297(2): 227–243.

Gale, A. S. (2011): Asteroidea (Echinodermata) from the Oxfordian (Late Jurassic) of Savigna, Départment du Jura, France. Swiss J. Palaeont. 130(1): 69–89.

Gale, A. & G. Schweigert (2016): A new phosphatic-shelled cirripede (Crustaceae, Thoracica) from the Lower Jurassic (Toarcian) of Germany – the oldest epiplanktonic barnacle. Palaeontology 59(1): 59–70.

Glenner, H., M. J. Grygier, J. T. Høeg, P. G. Jensen & F. R. Schram (1995): Cladistic analysis of the Cirripedia Thoracica. Zool. J. Linn. Soc. 114: 365–404.

Goldfuss, G.A. (1826–1844): Petrefacta Germaniae. Düsseldorf (Arnz).

Gründel, J. & A. Nützel (1998): Gastropoden aus dem oberen Pliensbachium (Lias δ, Zone des *Pleuroceras spinatum*) von Kalchreuth östlich Erlangen. Mitt. Bayer. Staatssamml. Paläont. Histor. Geol. 38: 63–96.

Gründel, J. & A. Nützel (2012): On the early evolution (Late Triassic to Late Jurassic) of the Architectibranchia (Gastropoda: Heterobranchia) with a provisional classification. N. Jb. Geol. Paläont. Abh. 264: 31–59.

Gründel, J. & A. Nützel (2013): Evolution and classification of Mesozoic mathildoid gastropods. Acta Palaeont. Polon. 58: 859–882.

Hagenow, F. v. (1840): Monographie der Rügenschen Kreideversteinerungen, II. N. Jb. Min. Geogn. Geol. Petrefaktenk. 1840: 631–671.

Häntzschel, W. (1975): Treatise on Invertebrate Paleontology, Part W, Miscellanea, Suppl. 1, Trace Fossils and Problematica (2. Aufl.). Geological Society of America, Boulder.

Heer, O. (1853): Beschreibung der Pflanzen und Insekten. In: Escher von der Linth, A. (Hrsg.): Geologische Bemerkungen über das nördliche Vorarlberg. N. Denkschr. Allgem. Schweiz. Naturforsch. Ges.: 117–135.

Henbest, L. G. (1960): Paleontologic significance of shell composition and diagenesis of certain late Paleozoic sedentary Foraminifera. U.S. Geol. Surv., Prof. Papers 400-B.

Herrig, E. (1969): Ostracoden aus dem Ober-Domérien von Grimmen westlich Greifswald, Teil I. Geologie 18(4): 446–471.

Hess, H. (1962): Mikropaläontologische Untersuchungen an Ophiuren. II. Die Ophiuren aus dem Lias (Pliensbachien – Toarcien) von Seewen (Kt. Solothurn). Eclogae geol. Helvet. 55 (2): 609–656.

Hess, H. (1999): Lower Jurassic Posidonia shale of Southern Germany. In: Hess, H., Ausich, W., Brett, C. & Simms, M. (eds.): Fossil crinoids, S. 183–196. Cambridge University Press, Cambridge.

Hess, H. (2006). Crinoids (Echinodermata) from the Lower Jurassic (Upper Pliensbachian) of Arzo, southern Switzerland. Schweizerische Paläontologische Abhandlungen, 126, 1–144.

Hess, H. (2014): Origin and radiation of the comatulids (Crinoidea) in the Jurassic. Swiss. J. Palaeont. 133: 23–34.

Hess, H. & C. G. Messing (2011): Treatise on Invertebrate Paleontology, Pt. T, Echinodermata 2: Crinoidea, Subclass Articulata (vol. 3, revised), xxix + 261 S. Kansas University Paleontological Institute, Lawrence, Kansas.

Hoffmann, R. & K. Stevens (2019): The palaeobiology of belemnites – foundation for the interpretation of rostrum geochemistry. Biol. Rev. 2019: 1-30 (doi:10.1111/brv.12557).

Hoffmann, R., A. Mironenko & H. Keupp (2019): Conellae, enigmatic structures on cephalopod shells–form, distribution and formation. Acta Palaeont. Polon. 64(4): 815–830.

Höflinger, J. (2012): Die Brachiopoden des deutschen Lias. (Selbstverlag des Autors).

Hölder, H. & R. Hollmann (1969): Bohrgänge mariner Organismen in jurassischen Hart- und Felsböden. N. Jb. Geol. Paläont. Abh. 133(1): 79–88.

Howarth, M. K. (1958): A monograph of the ammonites of the Liassic family Amaltheidae in Britain, Part I +II. Palaeontograph. Soc. Monogr. 1957: 1–26, 1958: 27–53.

Illies, G. (1971): Die Arten der Gattung *Stomatopora* (Bryoz. Cycl.) aus dem mittleren Lias bei Goslar und deren verschiedene Knospungsmuster. Oberrhein. Geol. Abh. 20: 125–146.

Jäger, M. (1995): Echinodermata aus dem Ober-Toarcium und Aalenium Deutschlands I: Crinoidea: Cyrtocrinina und Millericrinina. Stuttgarter Beitr. Naturk. B 226: 1–51.

Jäger, M. (1996): „*Serpula*" *etalensis*. Fossilien 1996(1): 38–40.

Jäger, M. & S. Schubert (2008): Das Ober-Pliensbachium (Domerium) der Herforder Liasmulde – Teil 2 – Serpuliden (Kalkröhrenwürmer). Geol. Paläont. Westfalen 71: 47–75.

Jagt, J. W. M., B. W. M. Van Bakel, R. H. B. Fraaije & C. Neumann (2006): *In situ* fossil hermit crabs (Paguroidea) from northwest Europe and Russia. Preliminary data on new records. Rev. Mex. Cienc. Geol. 23: 364–369.

Jagt, J. W. M., S. K. Donavan & M. J. M. Deckers (2012): Clustered bourgueticrinid crinoid holdfasts on late Maastrichtian echinoids from northeast Belgium and southeast Netherlands. Zoosymposia 7: 81–90.

Johnson, A. L. A. (1984): The palaeobiology of the bivalve families Pectinidae and Propeamussiidae in the Jurassic of Europe. Zitteliana 11: 1–235.

Jordan, R. (1960): Paläontologische und stratigraphische Untersuchungen im Lias delta (Domerium) Nordwestdeutschlands. Unveröff. Diss., Univ. Tübingen.

Kaiser, P. & E. Voigt (1977): Über eine als Gastropodenlaich gedeutete Eiablage in einer Schale von *Pseudopecten* aus dem Lias von Salzgitter. Paläont. Z. 51: 5–11.

Karapunar, B., W. Werner, F. T. Fürsich & A. Nützel (2020a) Taxonomy and palaeoecology of the Early Jurassic (Pliensbachian) bivalves from Buttenheim, Franconia (Southern Germany). – Palaeontographica A318: 1–127.

Karapunar, B., W. Werner, F. T. Fürsich & A. Nützel (2020b): Predatory drill holes in the oldest thyasirid bivalve, from the Lower Jurassic of South Germany. Lethaia 54(2): 229–244.

Karapunar, B., W. Werner, F. T. Fürsich & A. Nützel (eingereicht): The earliest example of sexual dimorphism in bivalves – evidence from the astartid *Nicaniella* (Lower Jurassic, southern Germany).

Keupp, H. (2000): Ammoniten – Paläobiologische Erfolgsspiralen. Thorbecke-Verlag, Stuttgart.

Keupp, H. (2004): Aus der Trickkiste eines jurassischen Gauklers: Xenomorphie bei *Gryphaea*. Fossilien 2004(1): 55–57.

Keupp, H. (2006): Sublethal punctures in body chambers of Mesozoic ammonites (forma aegra *fenestra* n. f.), a tool to interpret synecological relationships, particularly predator-prey interactions. Paläont. Z. 80(2): 112–123.

Keupp, H. (2008): Wer hat hier zugebissen? Ammoniten-Prädation. Fossilien 2008(2): 109–112.

Keupp, H. (2012): Atlas zur Paläopathologie der Cephalopoden. Berliner Paläobiol. Abh. 12: 1–391.

Keupp, H. (2017): Knusper, knusper, Knäuschen, wer knuspert an meinem Häuschen? Fossilien 2017(3): 36–39.

Keupp, H. (2019): *Liapora neubigi* n.g. et n.sp., the first Early Jurassic scyphopolyp with chitino-phosphatic periderm. N. Jb. Geol. Paläont. Abh. 294(2): 131–142.

Keupp, H. & B. Doppelstein (2018a): Hufeisenwürmern und Pilzen im fränkischen Amaltheenton auf der Spur. Fossilien 2018(2): 43–47.

Keupp, H. & B. Doppelstein (2018b): Foraminiferen und Rhabdopleuriden im Amaltheenton von Buttenheim. Fossilien 2018(4): 30–38.

Keupp,H. & D. Fuchs (2020): *Enigmabelus* n. gen. (Enigmabeilitidae n. f.), an Early Jurassic (Late Pliensbachian) belemnite with an outstanding rostrum morphology. N. Jb. Geol. Paläont. Abh. 298(1): 55–66.

Keupp, H. & K. Mahlow (2017): Eine neue Isopoden-Art (*Palaega johannschoberti* n.sp.) aus dem Amaltheenton (Unter-Jura, Ober-Pliensbachium) von Buttenheim in Oberfranken. Zitteliana 89: 161–170.

Keupp, H. & J. Schobert (2011): Gehäuseanomalien bei Kleinammoniten von Buttenheim. Fossilien 2011(3): 164–174.

Keupp, H. & Schobert, J. (2013): Ein vollständiger Kieferapparat von *Pleuroceras* aus dem Lias von Oberfranken. Fossilien 2013(3): 166–170.

Keupp, H. & J. Schobert (2014): Nur ein Bruchstück – und doch ein interessantes paläobiologisches Dokument. Fossilien 2014(3): 48–52.

Keupp, H. & J. Schobert (2015): Schichtlücken im Amaltheenton von Buttenheim. Fossilien 2015(1): 22–27.

Keupp, H. & J. Schobert (2019): Ein *Lytoceras*-Anaptychus aus dem Toarcium von Buttenheim. Fossilien 2019(6): 28–32.

Keupp, H. & G. Schweigert (2017): Exotische Kopffüßer im Amaltheenton von Buttenheim. Fossilien 2017(6): 54–58.

Keupp, H., B. Doppelstein & J. Maletz (2016): First evidence of *in situ* rhabdopleurids (Pterobranchia, Hemichordata) from the Lower Jurassic of southern Germany. N. Jb. Geol. Paläont. Abh. 282(3): 263–269.

Keupp, H., B. Doppelstein & J. Schobert (2018): Lebensspuren aus dem fränkischen Amaltheenton: *Podichnus* und *Bactrylli-um*. Fossilien 2018(1): 47–51.

Keupp, H., J. Gründel & R. Wiese (2014): New agglutinated polychaete worm-tubes from the Lower Jurassic (Late Pliensbachian) of Southern Germany. N. Jb. Geol. Paläont., Abh. 273(3): 241–251.

Keupp, H., R. Hoffmann, K. Stevens & R. Albersdörfer (2016): Key innovations in ammonoids: the multicuspidate radula and the calcified aptychus. Palaeontology 59(6): 775–791.

Keupp, H., T. Martin & M. Schudack (2002): Jurassic Garden: eine andere Welt. Der belebte Planet: 38–51. Fachbereich Geowissenschaften, Freie Universität Berlin.

Keupp, H., J. Schobert & B. Doppelstein (2018): Treibgut im Fränkischen Amaltheenton. Fossilien 2018(5): 8–13.

Keupp, H., B. Weber & B. Doppelstein (2016): Buttenheim: Geoden als Weide- und Laichgrund. Fossilien 2016(5): 30–37.

Klaschka, J. (2018): Ein taphonomischer Jackpot – Tintenfisch bei Fischmahlzeit vom Ichthyosaurier erbeutet. Fossilien 2018(5): 21–25.

Klompmaker, A. A., P. Artal, B. W. M. Van Bakel, R. H. B. Fraaije & J. W. M. Jagt (2014): Parasites in the fossil record: A Cretaceous fauna with isopod-infested decapode crustaceans, infestation patterns through time, and a new ichnotaxon. PlosOne 9(3): 1–17.

Knaust, D., H. A. Curran & A. V. Dronov (2012): Shallow marine carbonates. In: Knaust, D. & R. G. Bromley (Hrsg.): Trace fossils as indicators of sedimentary environments. Elsevier-Verlag.

Kočí, T., M. Kočová Veselska, A. S. Gale, J. W. M. Jagt & P. Skupien (2015): Late Jurassic–Early Cretaceous stalked barnacles (Cirripedian genus *Eolepas* Withers, 1928) from Štramberk, Moravia (Czech Republic). N. Jb. Geol. Paläont., Abh. 275(2):233–247.

Kohring, R. & A. Hörnig (2002): Freshwater bryozoan remains from the Molteno Formation (Upper Triassic) of South Africa. In: Buttler, W. S. & S. Jones (Hrsg.): Bryozoan Studies 2001: 171–174.

Kristan-Tollmann, E. (1986): Holothurien. In: Fischer, R., J. Jäger, P. Konstantinopolou, E. Kristan-Tollmann, F. Luppold & H.-H. Ohm: Paläontologie einer epikontinentalen Lias-Schichtfolge: Oberes Sinemurium bis Domerium von Empelde bei Hannover. Facies 15: 130–133.

Kuhn, O. (1935): Die Fauna des untersten Lias delta (Gibbosus-Zone) aus dem Sendelbach im Hauptsmoorwald östlich Bamberg. N. Jb. Min., Geol., Paläont. Beil.-Bd. **73**: 465–493.

Kuhn, O. (1936): Die Fauna des Amaltheentons (Lias δ) in Franken. N. Jb. Min., Geol., Paläont. Beil.-Bd. **75**: 231–311.

Kuhn, O. (1947): Gliederung und Fossilführung des Lias und Doggers in Franken. Ber. Naturforsch. Ges. Bamberg 30: 33–89.

Kulicki, C. (1969): The discovery of *Rhabdopleura* (Pterobranchia) in the Jurassic of Poland. Acta Palaeont. Polon. 14(4): 537–551.

Kutscher, M. (1996): Echinodermata aus dem Ober-Toarcium und Aalenium Deutschlands II: Ophiuroidea. Stuttgarter Beitr. Naturk. B 242: 1–33.

Lamouroux, J. V. F. (1821): Exposition méthodique des genres de l'ordre des polypiers, avec leur description et celles des pricipales espèces. Histoire Naturelle des Zoophytes. Ellis & Solander, Paris.

Lefebvre, B., C. D. Sumrall., R. A. Shroat-Lewis., M. Reich, G. D. Webster, A. W. Hunter, E. Nardin, S. V. Rozhnov, T. E. Guensburg, A. Touzeau, F. Noailles & J. Sprinkle (2013): Palaeobiogeography of Ordovician echinoderms. In: Harper, D. A. T. & T. Servais (eds.): Early Palaeozoic Biogeography and Palaeogeography. Geol. Soc. London, Mem. 38: 173–198.

Lentz, E. (2009): Die „Verwunschenen" – eine Besonderheit Buttenheims. Steinkern 2: 24–38.

Loeblich, A.R. jr. & H. Tappan (1992): Present status of foraminiferal classification. In: Takayanag,Y. & T. Saito (Hrsg.): Proceedings of the 4th International Symposium on Benthic Foraminifera, Sendai, 1990 (Benthos '90): 93–102. Tokai University Press, Tokyo.

Mägdefrau, K. (1932): Über einige Bohrgänge aus dem Unteren Muschelkalk von Jena. Paläont. Z. 14: 150–160.

Małecki, J. (1982): Bases of Upper Cretaceous octocorals from Poland. Acta Palaeont. Polon. 27: 65–75.

Malz, H. (1971): Zur Taxonomie „glattschaliger" Lias-Ostracoden. Senckenberg. leth. 52(5/6): 433–455.

Mattei, J. (1985): Application de méthodes d'analyse globale à l'étude des Amalthéidae du bassin sédimentaire des Causses. Èditions du Centre National de la Recherche Scientifique, Paris.

Mehl-Janussen, D. (1999): Die frühe Evolution der Porifera: Phylogenie und Evolutionsökologie der Poriferen im Paläozoikum mit Schwerpunkt der desmentragenden Demospongiae (Lithistidae). Münchener Geowiss. Abh. A37: 1–72.

Meister, C. (1988): Ontogenése et évolution des Amaltheidae (Ammonoidea). Eclog. geol. Helvet. 81(3): 763–841.

Menning, M. & A. Hendrich (2012): Stratigraphic Table of Germany Compact 2012. Z. Dtsch. Geol. Ges. 163(4) (Beilage).

Meyer, R. K. F & H. Schmidt-Kaler (1992): Durch die Fränkische Schweiz. Wanderungen in die Erdgeschichte, Bd. 5. Pfeil-Verlag, München.

Meyer, R. K. F (1979): Geologische Karte von Bayern 1:25000, Blatt 6132 Buttenheim. Bayerisches Geologisches Landesamt, München.

Mierzejewski, P. (1986): Ultrastructure, taxonomy and affinities of some Ordivician and Silurian organic microfossils. Palaeont. Polon. 47: 129–220.

Mitchell, C. E., M. J. Melchin, C. B. Cameron & J. Maletz (2013): Phylogenetic analysis reveals that *Rhabdopleura* is an extant graptolite. Lethaia 46: 34–56.

Moore, C. (1861): On the Zones of the Lower Lias and the Avicula contorta Zone. Qu. J. Geol. Soc. London 17: 483–516.

Moore, C. (1867): On abnormal conditions of secondary deposits when connected with the Sommersetshire and South Wales Coal-Basin: and on the age of the Sutton and Southerndown Series. Qu. J. Geol. Soc. London 23: 449–568.

Mortensen, T. (1937): Some echinoderm remains of the Jurassic of Württemberg. Biol. Medd. Kong. Danske Vidensk. Selsk. 13 (10): 1–28.

Murray, J.W. (1973): Distribution and Ecology of Living Benthic Foraminiferids. Heinemann, London.

Nagler, C., C. Haug, U. Resch, J. Kriwet & J. T. Haug (2016): 150 Million years old isopods on fishes: a possible case of palaeoparasitism. Bull. Geosci. 91(1): 1–12.

Nützel, A. (2008): Leben am Meeresboden – Über die Fauna des fränkischen Amaltheentons. Freunde der Bayerischen Staatssammlung für Paläontologie und Historische Geologie München e.V., Jahresbericht 2007 und Mitteilungen 36: 42–61.

Nützel, A. & J. Gründel (2007): Two new gastropod genera from the Early Jurassic (Pliensbachian) of Franconia (South Germany). Zitteliana 47: 61–69.

Nützel, A. & J. Gründel (2015): Early Jurassic (Pliensbachian) gastropods from Franconia, Southern Germany. Palaeontographica A305: 1–89.

Nützel, A. & T. Hornung (2002): *Katosira undulata* (Benz) (Gastropoda) aus dem Lias Frankens und eine Gastropoden-Assoziation des oberen Pliensbachiums. Geol. Bl. NO-Bayern 52: 55–62.

Nützel, A. & A. Kaim (2014): Diversity, palaeoecology and systematics of a marine fossil assemblage from the Late Triassic Cassian Formation at Settsass Scharte, N Italy. Paläont. Z. 88: 405–431.

Nützel, A. & W. Kiessling (1997): Gastropoden aus dem oberen Pliensbachium (Amaltheenton) von Kalchreuth (Süddeutschland). Geol. Bl. NO-Bayern 47: 381–414.

Nützel, A. & C. Schulbert (2017): Faunenumschwung im frühen Jura Frankens. Faunal turnover in the Early Jurassic of Franconia. Geol. Bl. NO-Bayern 67: 217–230.

Parsch, K. O. A. (1956): Die Serpuliden-Fauna des südwestdeutschen Jura. Palaeontographica A107: 211–240.

Patterson, C. (1973): Interrelationships of holosteans. Zool. J. Linn. Soc. 53 (Suppl. 1): 233–305.

Pietrzenuk [=Pietrzeniuk], E. (1961): Zur Mikrofauna einiger Liasvorkommen in der Deutschen Demokratischen Republik. Freiberger Forsch.-H. (C: Paläont.) 113: 1–129.

Pokorny, V. (1958): Grundzüge der zoologischen Mikropaläontologie, Band 1. VEB Deutscher Verlag der Wissenschaften, Berlin.

Poore, G. C. B. & N. L. Bruce (2012): Global diversity of marine isopods (except Asellota and crustacean symbionts). PlosOne 7(8): 1–15.

Quenstedt, F. A. (1856–1857): Der Jura. Laupp'sche Verlagsbuchhandlung, Tübingen.

Quenstedt, F. A. (1885): Handbuch der Petrefaktenkunde (3. Aufl.). Laupp-Verlag, Tübingen.

Radtke, Gregor & H. Keupp (2017): The dorsal shell wall structure of Mesozoic ammonoids. Acta Palaeont. Polon. 62(1): 59–96.

Radtke, Gudrun (1991): Die mikroendolithischen Spurenfossilien im Alttertiär Westeuropas und ihre palökologische Bedeutung. Cour. Forschungsinst. Senckenberg 138: 1–150.

Reich, M., T. R. Stegemann, I..M. Hausmann, V. J. Roden, & A. Nützel (2018): The youngest ophiocistioid: A first Palaeozoic-type echinoderm group representative from the Mesozoic. Palaeontology 61 (6): 803–811.

Reiff, E. (1936): Isopoden aus dem Lias Delta (Amaltheenschichten) Schwabens. Paläont. Z. 18 (1–2): 49–90.

Reitner, J. & H. Keupp (1989): Basalskelette bei Schwämmen – Beispiel einer polyphyletischen Entwicklung. Geowissenschaften 7(3): 71–78.

Richter, A. (2003): Richters Sammeltipp – Die Tongrube Buttenheim. Fossilien 2003(2): 95–103.

Riegraf, W. & S. Schubert (1991): Ein besonderes Fossil. Paläont. Z. 65: 227–229.

Ristau, B. (2013): Liassische Foraminiferen der Tongrube am Holzbachacker/Altendorf bei Buttenheim. Unpubl. Diplomarbeit, Fachbereich Geowissenschaften, FU Berlin.

Rohde, C. (2012): Belemniten der Tongrube Buttenheim. Steinkern 2 (Neuaufl.): 44–47.

Röhl, H.-J. (1998): Hochauflösende palökologische und sedimentologische Untersuchungen im Posidonienschiefer (Lias epsilon) von SW-Deutschland. Tübinger geowiss Arb. 47: 1–170.

Saporta, G. de (1887): Nouveaux documents relatifs aux organismes problématiques des anciennes mers. Bull. Soc. Géol. France, sér. 3, 15: 286–302.

Schädel, M., P. Pazinato, S. van der Wal & J. Haug (2019): A fossil tanaidacean crustacean from the Middle Jurassic of southern Germany. Palaeodiversity 12: 13–30.

Scholtz, G. (2020): Duplicated, twisted,and in the wrong place: patterns of malformation in Crustaceans. In: Anger, K., S. Harzsch & M. Thiel (Hrsg.): Developmental Biology and Larval Ecology. Oxford University Press, Oxford.

Schulbert, C &. A. Nützel (2009): Über die jurassische Gastropodenfauna der Tongrube Mistelgau bei Bayreuth. Ber. Naturwiss. Ges. Bayreuth 26: 475–499.

Schulbert, C. & A. Nützel (2013) Gastropods from the Early/Middle Jurassic transition of Franconia (Southern Germany). Bull. Geosci. 88: 723–778.

Schwarzhans, W. (2018): A review of Jurassic and Early Cretaceous otoliths and the development of early morphological diversity in otoliths. N. Jb. Geol. Paläont., Abh. 287/1: 75–121.

Schweigert, G. (2005): The occurrence of the Tethyan ammonite genus *Meneghiniceras* (Phylloceratina: Juraphyllitidae) in the Upper Pliensbachian of SW Germany. Stuttgarter Beitr. Naturk. B356: 1–15.

Schweigert, G. (2016): Vielzeller auf Einzeller. Fossilien 2016(3): 34–35.

Schweigert, G. (2019): Die Schwanenfußmuschel jetzt auch aus Buttenheim. Fossilien 2019(1): 30–33.

Schweigert, G., R. Fraaije, P. Havlik & A. Nützel (2013): New Early Jurassic hermit crabs from Germany and France. J. Crust. Biol. 33(6): 802–81.

Schweigert, G., D. B. Seegis, A. Fels & R. Leinfelder (1997): New internally structured decapod microcoprolites from Germany (Late Triassic/Early Miocene), Southern Spain (Early/Middle Jurassic) and Portugal (Late Jurassic): Taxonomy, palaeoecology and evolutionary implications. Paläont. Z. 71(1/2): 51–69.

Sieverts-Doreck, H. (1958a): Kleinreste von Echinodermen aus dem fränkischen Jura (Sammlung Schattenberg, Bamberg). Ber. Naturforsch. Ges. Bamberg 36: 15–21.

Sieverts-Doreck, H. (1958b): Revision von „*Apiocrinus*" *amalthei* Quenstedt aus dem fränkischen Lias. N. Jb. Geol. Paläontol. Mh. 1958(10): 441–448.

Sieverts-Doreck, H. (1958c): Spezielle Arbeitsgebiete der Mikropaläontologie 3. Echinodermen. In: Freund, H. (Hrsg.): Handbuch der Mikroskopie in der Technik. Bd. II. Teil 3. Mikroskopie in der Geologie sedimentärer Lagerstätten (Mikropaläontologie), S. 238–264. Umschau-Verlag, Frankfurt/M.

Sieverts-Doreck, H. (1981): Pentacriniten aus dem Lias der Gegend von Banz in Oberfranken. Ber. Naturforsch. Ges. Bamberg 56: 219–232.

Simms, M. J. (1988): The phylogeny of post-Palaeozoic crinoids. In: Paul, C. R. C. & A. B. Smith (Hrsg.): Echinoderm Phylogeny and Evolutionary Biology: 269–284. Clarendon Press, Oxford.

Simonsen, S. (2012a): Tonabbau für die Blähtongranulatproduktion. Der Steinkern 2 (Neuaufl.): 17–19.

Simonsen, S. (2012b): Variantenreichtum und Entwicklung von *Pleuroceras*. Der Steinkern 2 (Neuaufl.): 22–36.

Simonsen, S. (2012c): Weitere Buttenheimer Fauna und Flora. Der Steinkern 2 (Neuauflage): 48–57.

Smith, A. B. (2015): British Jurassic Regular Echinoids Part 1: Introduction, Cidaroida, Echinothurioida, Aspidodiadematoida and Pedinoida. Monogr. Palaeontogr. Soc. 169 (644): 1–67.

Smith, A. B. (2016): British Jurassic Regular Echinoids Part 2: Carinacea. Monogr. Palaeontogr. Soc. 170 (646): 69–176.

Stumpf, S. & J. Kriwet (2019): A new Pliensbachian elasmobranch (Vertebrata, Chondrichthyes) assemblage from Europe, and its contribution to the understanding of late Early Jurassic elasmobranch diversity and distributional patterns. Paläont. Z. 93(4): 637–658.

Taylor, P. D. & A. Waeschenbach (2015): Phylogeny and diversification of bryozoans. Palaeontology 58(4): 585–599.

Teichert, S. & A. Nützel (2015): Early Jurassic anoxia triggered the evolution of the oldest holoplanktonic gastropod *Coelodiscus minutus* by means of heterochrony. Acta Palaeont. Polon. 60: 269–276.

Thuy, B., A. S. Gale & M. Reich (2011): A new echinoderm Lagerstätte from the Pliensbachian (Early Jurassic) of the French Ardennes. Swiss J. Palaeont. 130(1): 173–185.

Triebel, E. (1950): Die taxonomische Stellung der Ostracoden-Gattung *Ogmoconcha* und der Lectotypus von *O. amalthei*, Senckenbergiana 31: 113–120.

Tyska, J. (1994): Response of Middle Jurassic benthic foraminiferal morphogroups to dysoxic/anoxic conditions in the Pieniny Klippen Basin, Polish Carpathians. Palaeogeogr., Palaeoclimatol., Palaeoecology 110: 55–81.

Voigt, E. (1968): Über Hiatus-Konkretionen (dargestellt am Beispiel aus dem Lias). Geol. Rdsch. 58: 281–296.

Voigt, E. (1975): Tunnelbaue rezenter und fossiler Phoronidea. Paläont. Z. 49: 135–167.

Voigt, E. (1977): On grazing traces produced by the radula of fossil and Recent gastropods and chitons. In: Crimes, T. P. & J. C. Harper (Hrsg.): Trace Fossils 2. Geol. J., Spec. Iss. 9: 335–346.

Waltschew, A. (2000): Die Mikrofauna des fränkischen Carixiums (Unteres Pliensbachium, Lias). Erlanger geol. Abh. 132: 1–91.

Watson, A. T. (1890): The tube-building habits of *Terebella littoralis*. J. Roy. Microscop. Soc. 10: 685–689.

Weitschat, W. & J. Gründel (2002): Eine agglutinierte Wurmröhre (Polychaeta, Sedentarida, Terebellomorpha) aus einem Geschiebe des Mittel-Lias (Domerium, spinatum-Zone) Norddeutschlands. Mitt. Geol. Paläont. Inst. Univ. Hamburg 86: 37–44.

Welzel, E. (1968): Foraminiferen und Fazies des fränkischen Domeriums. Erlanger geol. Abh. 69: 1–86.

White C. A. (1878): Description of new species of invertebrate fossils from the Carboniferous and Upper Silurian rocks of Illinois and Indiana. Proc. Nat. Acad. Sci. Philadelphia 1878: 29–37.

Wicher, C. A. (1938): Mikrofaunen aus Jura und Kreide, insbesondere Nordwestdeutschlands. 1. Teil: Lias α–ε. Abh. Preuß. geol. L.-A. (N. F.) 193: 7–16.

Wissing, F.-N., E.Herrig unter Mitarb. v. M. Reich (1999): Arbeitstechniken der Mikropaläontologie. Eine Einführung, x + 191 S. Enke-Verlag, Stuttgart.

Withers, T. H. (1928): Catalogue of the Fossil Cirripedia in the Department of Geology, British Museum (Natural History) Vol. 1. Triassic and Jurassic. Dulau & Co., London.

Wolfer, O. (1912): Die Bryozoen des schwäbischen Jura. Palaeontographica 60: 115–173.

Zatoń, M. & A. A. Mironenko (2015): Gastropod egg capsules preserved on an Early Cretaceous ammonite from Daghestan, Russia. Cret. Res. 55: 285–291.

Zatoń, M., G. Niedźwiedzki & G. Pieńkowski (2009): Gastropod egg capsules preserved on bivalve shells from the Lower Jurassic (Hettangian) of Poland. Palaios 24: 568–577.

Zatoń, M., P. D. Taylor & J. W. M. Jagt (2013): Late Cretaceous gastropod egg capsules from the Netherlands preserved by bioimmuration. Acta Palaeont. Polon. 58(2): 351–355.

Ziegelmeier, E. (1952): Beobachtungen über den Röhrenbau von *Lanice conchilega* (Pallas) im Experiment und am natürlichen Standort. Helgol. wiss. Meeresunters. 4(2): 107–129.